# AUS ERDE GEFORMT

Lehmbauten in West- und Nordafrika

FROBENIUS-INSTITUT

# AUS ERDE GEFORMT

## Lehmbauten in West- und Nordafrika

*Mit Beiträgen von*

*Annemarie Fiedermutz-Laun*

*Dorothee Gruner*

*Eike Haberland*

*Karl Heinz Striedter*

VERLAG PHILIPP VON ZABERN

Die Herausgabe dieses Buches wurde durch die Volkswagen-Stiftung, Hannover, angeregt und finanziert.

224 Seiten mit 33 Abbildungen und 1 Karte, davon 156 Tafeln mit 48 Farb- und 133 Schwarzweißabbildungen

*Vorsatz:* Struktur einer Lehmmauer im Niger-Binnendelta

*Abbildungsnachweis*

*Beitrag Haberland*
Abb. 1–9 Gabriele Hampel
Karte S. 16 Astrid Fischer

*Beitrag Fiedermutz-Laun*
Abb. 1 Nach Originalskizze von R. Hugershoff (DIA FE 1908), gezeichnet von H. Hagler, aus: Leo Frobenius, Das unbekannte Afrika, München 1923, S. 67
Abb. 2 aus: Le Capitaine Binger, Du Niger au Golfe de Guinée, Paris 1892, Bd. I, S. 367
Abb. 3 aus: Le Capitaine Binger, a.a.O., Bd. II, S. 89
Abb. 4, 5 Gerd König, ergänzt und überarbeitet von Peter Butendeich
Abb. 6–8 Peter Butendeich
Tafelabb. 1–65 Annemarie Fiedermutz-Laun

*Beitrag Gruner*
Abb. 1–11 Dorothee Gruner
Abb. 2, 7–10 Dorothee Gruner, überarbeitet von Susanne Witan
Vorsatz, Tafelabb. 1, 3–7, 9–29, 31–47, 49–64 Werner Gruner
Tafelabb. 2, 8, 30, 48 Eva Gruner

*Beitrag Striedter*
Abb. 1–5 Karl Heinz Striedter
Tafelabb. 1–52 Karl Heinz Striedter


ISBN 3-8053-1107-9
Satz: Typo-Service Mainz
Lithos: SWS Repro GmbH, Wiesbaden
Papier: Papierfabrik Scheufelen, Lenningen
Gesamtherstellung: Zaberndruck, Mainz am Rhein
Printed in Germany/Imprimé en Allemagne
Printed on fade resistant and archival quality paper (PH 7 neutral)

*CIP-Titelaufnahme der Deutschen Bibliothek*

**Aus Erde geformt**: Lehmbauten in West- und Nordafrika / Frobenius-Inst. Mit Beitr. von Annemarie Fiedermutz-Laun ... – Mainz: von Zabern, 1990
ISBN 3-8053-1107-9
NE: Fiedermutz-Laun, Annemarie [Mitverf.]; Frobenius-Institut <Frankfurt, Main>

# INHALT

# VORWORT

Seit den siebziger Jahren nehmen Mitglieder des Frobenius-Instituts Lehmarchitektur in Nord- und Westafrika auf. Die Dokumentation wird durch Forschungen ergänzt, die die Beziehungen zwischen der Architektur und ihren jeweiligen ökologischen, ökonomischen, sozialen und kulturgeschichtlichen Bedingungen zum Gegenstand haben. Die Volkswagen-Stiftung hat das Projekt »Westafrikanische Lehmarchitektur« über mehrere Jahre gefördert und damit die Arbeiten von Dr. Annemarie Fiedermutz-Laun und Dr. Dr. Dorothee Gruner möglich gemacht.

Mein Dank gilt ihnen und Dr. Karl Heinz Striedter, die in jahrelanger, oft entbehrungsreicher Arbeit diese Schätze gehoben haben, er gilt unseren afrikanischen Gesprächspartnern, die uns geholfen haben, ihre Bauwerke im Gesamttext ihrer Kultur zu verstehen, er gilt besonders der Volkswagen-Stiftung, die nicht nur ein erfolgreiches wissenschaftliches Unternehmen ermöglichte, sondern auch den Anstoß zur Entstehung dieses Buches gab. Das reiche Material zeugt nicht nur von der Kreativität afrikanischer Kultur, sondern zeigt auch fremde Einflüsse und macht Gefährdungen deutlich.

Eike Haberland
Frobenius-Institut, Frankfurt am Main

# AFRIKANISCHE ARCHITEKTUR UND IHRE NATÜRLICHEN BEDINGUNGEN — EINE EINFÜHRUNG

Eike Haberland

Wie alle Kulturen der Erde unterliegen auch die »traditionellen« Kulturen Afrikas einem intensiven Umformungsprozeß, dessen Geschwindigkeit sich von Jahr zu Jahr steigert. Dieser Prozeß wurde durch das Eindringen der Europäer auf dem afrikanischen Kontinent in Gang gebracht und hat auch mit der Unabhängigkeit der neuen Staaten Afrikas nicht aufgehört. Im Gegenteil, auch heute setzt er sich fort — getragen vom Vehikel der europäischen Staatssprachen, europäischer Erziehungsformen und Erziehungsinhalte. Sehr vieles, was noch vor nicht langer Zeit »typisch« für Afrika war, ist heute unwiederbringlich verlorengegangen. Jeder Tag zehrt am alten Bestand, der noch immer nicht durch kreative afrikanische Neuschöpfungen ersetzt wird. Alle Versuche der Afrikaner selbst, diesem Prozeß Einhalt zu gebieten und das eigentlich Afrikanische wieder stärker zum Zuge kommen zu lassen, waren bisher erfolglos. So wird auch dieses Buch zum Teil Formen abbilden und besprechen, die im Verschwinden begriffen sind.

Man darf sich allerdings nicht über die Gewichtigkeit des afrikanischen Erbes täuschen, das nach wie vor in der Politik wie in der Kultur — von der Wirtschaft ganz zu schweigen — ein bestimmender Faktor von außerordentlicher Bedeutung geblieben ist. Trotz des aus Europa stammenden und von Europa kopierten Überbaus sind die historisch gewachsenen afrikanischen kulturellen Strukturen noch immer wichtige Grundlagen der Gesamtkultur. Noch immer lebt die Mehrzahl der Bevölkerung als Bauern von Feldbau und Viehzucht, von den traditionellen ökonomischen Ressourcen, die sich von allen Aspekten der Kultur am wenigsten geändert haben. Ein wirkliches Verständnis von Afrika ist deshalb nur dann möglich, wenn man die traditionellen Kulturen im Zusammenhang mit ihrer Wirtschaft und Umwelt kennt und versteht.

In kaum einem anderen Erdteil nämlich war die Entwicklung und Ausbildung der menschlichen Kulturen so von der Umwelt abhängig wie in Afrika. Vor allem waren Qualität und Quantität des Regenfalls — um diesen Faktor an erster Stelle zu nennen — von ganz ausschlaggebender Bedeutung — nicht nur für die Entwicklung der natürlichen Umwelt des Menschen, für die Pflanzen, die er anbauen, und die Tiere, die er halten konnte. Auch mittelbar wirkten diese Gegebenheiten in entscheidender Weise auf die Gesamtstrukturen der sich herausbildenden Kulturen ein, so daß die großen geographischen Zonen auch mit den großen Kulturzonen übereinstimmen.

Der Mensch auf einer bestimmten Stufe der Naturbeherrschung war stets stark von seiner Umwelt abhängig, auch dann, wenn er nicht mehr als Jäger und Sammler nur aneignend, sondern als Bauer und Tierhalter auch gestaltend der Natur gegenüberstand.

Gewiß – um es zu wiederholen – gibt es unüberwindbare Grenzen der Entfaltungsmöglichkeiten. So können Bauern der trockenen westafrikanischen Savanne oder des feuchten Urwaldes Haustiere nur in sehr beschränktem Maße halten, entweder, weil nicht genügend Futter für das ganze Jahr vorhanden ist, oder aber, weil feuchtes Klima Rindern und Schafen nicht zuträglich ist.

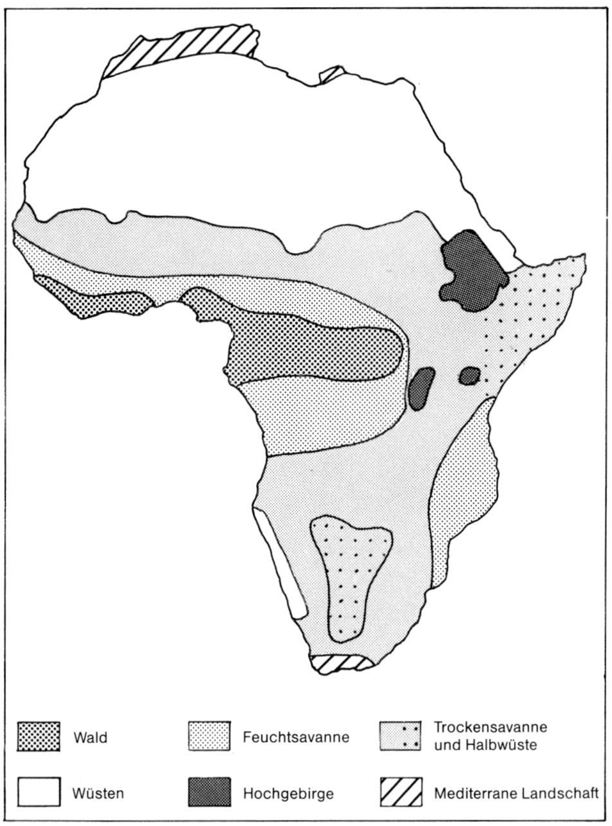


Abb. 1 Landschaftszonen

Auch die verschiedenen Ausprägungen afrikanischer Architektur sind durch diese Umweltbedingungen bestimmt. Bevor in den folgenden Aufsätzen ein besonderer Aspekt der klassischen Architektur dieses Kontinents – nämlich die Lehmbauweise – in ausgewählten Beispielen behandelt wird, sollen zunächst die allgemeinen Bedingungen deutlich werden.

Betrachtet man die Landkarte Afrikas und trägt darauf – stark vereinfacht – die Landschaftszonen, die Wirtschaftszonen und die großen Kulturprovinzen ein, so wird man feststellen, daß sich diese drei Kategorien fast decken. Beginnen wir mit den geographischen Zonen. Es sind sechs große Landschaftsformen, die für die kulturelle und historische Entwicklung von großer Bedeutung waren und sind:

1. der Regenwald
2. die Feuchtsavanne
3. die Trockensavanne
4. die Halbwüsten und Wüsten
5. die »mediterranen« Ränder im Norden (Maghreb) und Süden (Kapland) mit mildem Klima
6. die Hochgebirge Nordost- und Ost-Afrikas.

Globale geographische Gegebenheiten bedingen, daß diese großen Klima- und Landschaftszonen auf beiden Seiten des Äquators einander entsprechen. (Es ist natürlich ein sehr schematisches Bild, das hier gezeichnet wird und das auch viele Ausnahmen hat, die indes die Regeln bestätigen.)

Im Zentrum liegt der immergrüne Regenwald, der westlich der ostafrikanischen Hochländer beginnt und sich nach Westen entlang der Guinea-Küste am Atlantischen Ozean bis nach Gambia fortsetzt. Um ihn legen sich – in konzentrischen Gürteln – die übrigen Landschaftszonen: die Feuchtsavanne in Waldnähe, der sich – entsprechend dem geringer werdenden Regenfall – die Trockensavannen anschließen. Der Sahelzone, die im Norden zur Sahara übergeht, entsprechen im Südwesten sehr trockene Savannen, die zu den Halbwüsten und Wüsten der Kalahari und Namib überleiten. Schließlich folgen am äußersten Rand im Norden wie im Süden die Zonen mit mildem Klima. Die Hochgebirge Ost- und Nordost-Afrikas stellen für Afrika untypische Sonderformen dar. Ihre Existenz hat dazu geführt, daß Äthiopien – gegenüber den beiden anderen Großräumen, nämlich Weißafrika nördlich und Schwarzafrika südlich der Sahara – einen dritten Subkontinent bildet.

Die Wirtschaftszonen entsprechen nun völlig den soeben aufgezeichneten, geographisch definierten Landschaftsgürteln. Es ist naturgegeben, daß die Wirtschaftsformen (und mit ihnen die materiellen Kulturen und die Technologien) unvergleichlich mehr von der natürlichen Umwelt abhängig oder beeinflußt sind als andere Aspekte der menschlichen Kultur, wie Gesellschaft oder Religion. Andererseits aber beeinflußt die Wirtschaft ihrerseits viele Aspekte der jeweiligen Kulturen, so daß hier ein Netz unterschiedlicher Beziehungen entstand. Die gleiche Umwelt erzwingt indes nicht notwendigerweise die

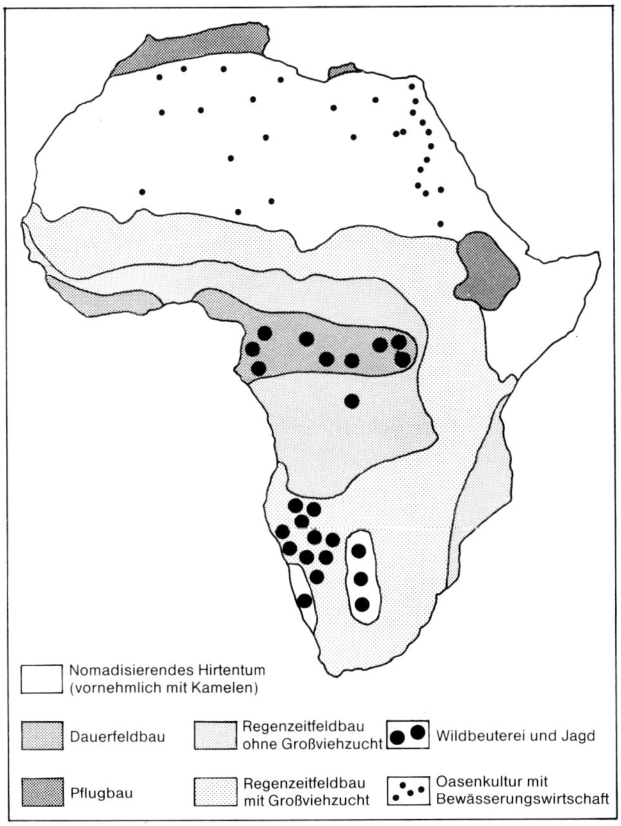


Abb. 2 Wirtschaftszonen

Existenz einer einzigen Wirtschaftsform und damit auch einer einheitlichen Basiskultur. Ungeachtet der geringeren Mittel der Naturbeherrschung, die den »traditionellen« afrikanischen Kulturen zur Verfügung standen und stehen – vergleicht man sie mit den »traditionellen« asiatischen oder europäischen –, war der Mensch jedoch auch hier nicht grundsätzlich dem Diktat der Umwelt so unterworfen, daß er gezwungen war, das Problem seiner Lebensbewältigung auf nur e i n e Weise lösen zu müssen. Fast immer fand er Rahmenbedingungen vor, die alternative Reaktionen zuließen. Die Umwelt hat den Menschen immer wieder genötigt, sich ihrer Herausforderung zu stellen, und seine Kreativität stimuliert. Es ist erstaunlich, wie unterschiedlich verschiedene Völker innerhalb des vorgegebenen Rahmens auf ihre Umwelt reagieren und wie sie sie materiell und spirituell bewältigen – ganz gleich ob sie nun nur von Feldbau, Viehzucht oder von beiden leben. Von außen gekommene neue Kulturelemente wurden eingeführt und bewirkten die Entstehung neuer wirtschaftlicher und mit ihnen auch neuer kultureller Einheiten, neben denen ältere Formen scheinbar unverändert weiterbestehen konnten (so z. B. die Jäger- und Bauernkulturen im tropischen Regenwald).

Beginnen wir wieder mit dem Zentrum Afrikas, dem tropischen Regenwald. Hier herrscht fast überall – Ausnahmen bilden die Regionen an der mittleren Guinea-Küste – das ganze Jahr hindurch ein immerfeuchtes, heißes Klima. In vielen Gebieten ist kaum ein Unterschied zwischen der eigentlichen Regenzeit und der sogenannten trockeneren Zeit zu bemerken, in der es nur etwas weniger regnet. In Äquator-Nähe, wo das ganze Jahr hindurch kaum Unterschiede in der Tag- und Nachtlänge festzustellen sind, fehlt deshalb auch der Begriff des Jahres, der den meisten Menschen sonst eigen ist, und damit auch des landwirtschaftlichen Jahres völlig. Wenige Zonen der Erde wirken so mächtig auf den Menschen ein und bestimmen seine Existenz derartig wie der tropische Regenwald. Unübersehbar sind daher auch die Übereinstimmungen zwischen den Kulturen der Urwälder in Afrika, Amerika, Südostasien und Ozeanien.

Die Wirtschaft der Bauern – es ist ein einfacher Hackbau – beruht hier fast ausschließlich auf dem Anbau von Knollenfrüchten wie Yams (Dioscorea) und Taro (Colocasia), die zum Teil durch den neuweltlichen Maniok (Manihot) ersetzt wurden, und fruchttragenden Stauden, z. B. Banane (Musa), oder der Ölpalme (Elaeis). Die gleichen Nutzpflanzen treten auch in der sich nördlich wie südlich anschließenden Feuchtsavanne auf, die eine nicht mehr scharf abzugrenzende Übergangszone zwischen feuchtem Wald und trockener Savanne darstellt. Zusätzlich werden dort Fingerhirse (Eleusine) und der ebenfalls aus der Neuen Welt stammende Mais (Zea) angebaut. Das Fehlen von Jahreszeiten bewirkt, daß in vielen Regionen der Urwaldzone Pflanzen und Ernten zur gleichen Zeit nebeneinander ausgeführt wird. Die schlechten Bleicherdeböden des Waldes mit wenig Humus erfordern einen häufigen Wechsel der Felder und Gärten. Das Kerngebiet des Urwaldes gehört daher nicht zu den für die menschliche Entwicklung günstigen Regionen, so daß Höhepunkte kultureller Schöpfungen in diesem Raum fehlen und viel eher in den angrenzenden Feuchtsavannen zu finden sind.

Große Teile Afrikas werden von der Trockensavanne eingenommen, deren Grenzen – das hängt von der Menge der periodischen Regenfälle ab – schwanken können. Sie legt sich wie ein unregelmäßig geformter Halbmond um das Feuchtgebiet im Zentrum und reicht vom Atlantik im Westen bis an den Fuß des äthiopischen Hochlandes im Osten und von dort über das Obernilgebiet und Ostafrika bis an die Küsten von Moçambique und Angola. Auch große Teile Südafrikas werden von trockenen Savannen geprägt. Es gibt wenig eindrucksvollere geographische Kontraste innerhalb des gleichen Kontinents bei gleicher Höhenlage als den zwischen immergrünem Wald und Feuchtsavanne und diesem unendlichen, kaum gegliederten Großraum, der an seinen Rändern über trockene Zwischenzonen in die Halbwüsten und Wüsten des Nordens (Sahara), Ostens (Danakil-Wüste und Somali-Steppe) und Südens (Kalahari und Namib) übergeht. Teile der Trockensavanne – vor allem in Nord-Nigeria, Süd-Niger und Burkina Faso – gehören zu den dichtestbesiedelten Zonen Afrikas. Aber auch diese verwandeln sich außerhalb der Regenzeit und der sich anschließenden kurzen Übergangszeit scheinbar in Halbwüsten mit völlig verdorrter Vegetation. Dem, der zum ersten Male in dieser Zeit hierher kommt, fällt es schwer zu verstehen, wie diese trockene und staubige Landschaft so viele Menschen ernähren kann. Im Gegensatz zur feuchten Zone, wo man fast immer gleichzeitig pflanzen und ernten kann, herrscht hier eine strenge Zäsur zwischen den Jahreszeiten – ähnlich wie in Europa, nur, daß hier an Stelle des Winters die Trockenzeit tritt. Auf wenige Monate, während derer sich die Arbeit häuft und die Arbeitskräfte knapp sind – Vorbereitung der Felder vor Beginn der Regenzeit, Säen, Unkrautjäten und schließlich Ernten –, folgen Monate, in denen man wenig oder nichts tun kann. Mit der Vielzahl der Nutzpflanzen in den feuchten Zonen (von denen hier nur die allerwichtigsten aufgezählt wurden) kontrastieren auch die wenigen Nutzpflanzen der Savanne, die ohne künstliche Bewässerung wachsen können, und die geringere Artenzahl der wildwachsenden Pflanzen. Allerdings haben auch die vielhundert-, wenn nicht tausendjährigen Eingriffe des Menschen in die Natur diese Armut gefördert. Das wiederholte Abbrennen des Busches, um bebaubares Land zu gewinnen, hat nur die Arten überleben lassen, die einigermaßen feuerresistent sind. Der Brennholzbedarf einer ständig zunehmenden Bevölkerung hat den Baum- und Buschbestand zusätzlich dezimiert.

Hauptnahrungsmittel in der Trockensavanne sind vornehmlich die beiden Hirsearten Pennisetum und Sorghum. Da Gemüse in der Trockenzone nicht gedeihen – es sei denn mit permanenter Bewässerung –, beschränkt sich die Zukost auf Früchte und Blätter wildwachsender Pflanzen, auf die fetthaltigen Kerne des Schibutter-Baumes (Butyrospermum) und auf die in jüngerer Zeit eingeführte Erdnuß (Arachis). Die geringen Mengen der als Viehfutter geeigneten Pflanzen während der langen Trockenzeit machen den seßhaften Bauern das Halten von Haustieren so gut wie unmöglich. Die Viehzucht ist die Beschäftigung ständig wandernder Hirten, vor allem des Volkes der Fulbe (Peul), die zwischen Dakar und dem Nil die Savanne mit ihren Rinderherden auf langen, sorgfältig geplanten Herdentrieben durchziehen.

Im Norden der Savannen schließen sich die Dornsavannen und Halbwüsten an, denen man den Namen »Sahel« (»Rand«, »Saum«) gegeben hat, die dann in die Unendlichkeit der Sahara – zwischen Atlantik im Westen und Rotem Meer im Osten, zwischen Savanne im Süden und Mittelmeer im Norden – überleiten. Dieser Riesenraum, dessen Dimensionen sich eigentlich erst bei einer Durchquerung erschließen, ist bis auf einige Oasen unbewohnt. Da der Regen seit mindestens 5000 Jahren immer spärlicher fällt oder ganz aufgehört hat, nimmt die ohnehin geringe Vegetation immer mehr ab, und der Grundwasserspiegel sinkt. In den Übergangszonen zwischen Savanne und Vollwüste nutzen die nomadisierenden Kamel- und Ziegenzüchter – vor allem die Mauren und Tuareg – und zum Teil auch die Fulbe mit ihren empfindlicheren Rindern – die sich ihnen bietenden ökologischen Nischen. Aber von ihren Tieren und dem geringen Ertrag der Oasengärten allein könnten viele Wüstenbewohner nicht existieren. Mindestens ebenso wichtig ist für sie ihre Tätigkeit als Transporteure, wobei sie mit ihren Kamelen die unterschiedlichsten Güter zwischen Wüste und Savanne hin und her befördern. Die Sahara ist reich an Salzlagerstätten, die in der Savanne fast völlig fehlen. So kommt im Rahmen dieses Handels dem Austausch von Salz und Hirse, dem wichtigsten Agrarprodukt der Savanne, hervorragende Bedeutung zu.

Gegenüber den gewaltigen Dimensionen der bisher erwähnten Großräume West-Afrikas mutet die Ausdehnung des schmalen, meist gebirgigen Streifens an der Mittelmeerküste bescheiden an. Das ist der Maghreb (das Land der untergehenden Sonne), zu dem die nördlichen Teile von Marokko, Algerien, Tunesien und Libyen gehören. Ungeachtet seiner geringen Dimensionen sollte dieser Raum für die historische und kulturelle Entwicklung großer Teile des westlichen Afrika von großer Bedeutung sein. Hier befinden wir uns in einer typischen mediterranen Region mit demselben Klima und zum Teil auch denselben geologischen Gegebenheiten wie auf der nördlichen Seite des Meeres. Hüben wie drüben werden dieselben Nutzpflanzen angebaut: Weizen, Gerste und Mais, Oliven und Wein, viele Gemüse- und Obstarten.

Wie alle anderen Elemente einer Kultur ist auch die Architektur eine Widerspiegelung der Umweltbedingungen, aber auch der Anschauungen, die eine Kultur von dieser Umwelt hat; sie ist Ergebnis endogener Entwicklungen einer Kultur und schließlich auch fremder Einflüsse. Diese Einführung soll das Wechselspiel dieser Gegebenheiten deutlich machen. Die Häuser in Urwald und Savanne, Zelt und Kuppelhütte der Wüstenzonen und das mittelmeerische Bauernhaus – alles sind »bodenständig« gewachsene Formen, Ergebnisse der Anpassung an die Umwelt und der Bedürfnisse der Bewohner. Auch ein interessantes Beispiel fremden Einflusses wird zur Sprache kommen: das seit vielen Jahrhunderten, ja vielleicht seit Jahrtausenden währende Einströmen mittelmeerischer Kulturelemente durch die Sahara nach West-Afrika. Diese Einflüsse verstärkten sich seit dem Siegeslauf des Islam, der vom Maghreb aus in den Sudan – das Land der »Schwarzen« – vordrang und über viele Jahrhunderte hinweg bis zum heutigen Tage eine Fülle bis dahin in Afrika unbekannter orientalischer, arabisch-islamisch geprägter Kulturgüter und Ideen mitbrachte. Auch die Architektur wurde davon beeinflußt.

Wie kaum eine andere Landschaft dieser Welt prägen Urwald und Feuchtsavanne auch in Afrika die Gesamtkultur. Ein außerordentlicher Kontrast besteht zwischen den Kulturen dieser Region und denen der trockenen Savanne. Nicht nur die Wirtschaft mit ihrem ganz anderen Anbaurhythmus, auch die gesamte »materielle« Kultur und die Technologie werden von den Ressourcen bestimmt, die der Wald zur Verfügung stellt. Die materialbedingten Strukturen – z. B. in der Flechterei – sind überdeutliche Beweise, wie die Materie dem Menschen Regeln aufzwingt, die er nicht umgehen kann. Vieles jedoch – nicht nur in der materiellen Kultur und der Technologie – ist nicht aus den Zwängen der Umwelt allein zu erklären. Zum Beispiel harrt die Frage noch immer einer befriedigenden Erklärung, weshalb in der Waldzone das Rechteckhaus mit Giebeldach und das Straßendorf vorherrschen, während Hausform und Siedlungsweise in der Savanne von Kegeldachhaus und Einzelgehöft bestimmt werden.

Das überreiche Angebot von Pflanzen aller Arten – wildwachsenden wie kultivierten – gab dem Menschen im Wald mannigfache Möglichkeiten zur krea-

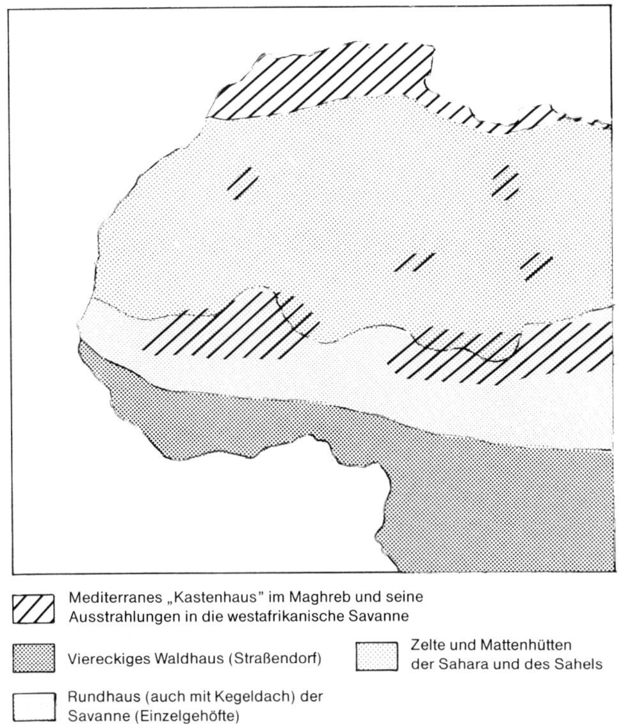


Abb. 3 Architekturtypen

tiven und ästhetisch ausgewogenen Gestaltung bei der Befriedigung seiner materiellen Bedürfnisse. Da sind eine Vielzahl von Bäumen, die hartes und weiches Holz liefern, da sind Palmen mit ihren vielfältigen Verwendungsmöglichkeiten, da sind Rotang und Lianen, da sind Bambus und Gräser und natürlich auch Ton und Eisen. Es nimmt nicht wunder, daß diese Zone die meisten schön gestalteten Gegenstände des täglichen Lebens wie auch der Kunst hervorgebracht hat. Man kann geradezu die Faustregel aufstellen, daß Höhepunkte afrikanischer Plastik überall dort zu finden sind, wo der Wald ein reiches Angebot an Holz zur Verfügung stellt. Typisch für diese Kunst sind die weichen und sanften Formen der Gesichtsdarstellungen der Masken der Geheimbünde. Die Savanne dagegen, mit wenigen hartholzigen Bäumen von geringem Durchmesser, hat anscheinend nicht stimulierend auf die Holzschnitzer gewirkt. Die Plastik – soweit sie nicht ganz fehlt – ist dort wenig variabel gestaltet, »Pfahl«- und »Brett«-Plastiken sind häufig.

Kunstwerke sind auch die Häuser des Waldlandes mit ihren in reichen Mustern aus Lianen oder Bambus geflochtenen Wänden. Sie sind Ausdruck einer vom Material vorgegebenen Eleganz. Sie sind nicht nur elegant, sie sind auch angenehm zu bewohnen.

Das dicke Strohdach hält die Sonnenstrahlen fern, und durch die geflochtenen Wände kann die Luft ungehindert zirkulieren. Sie verschwinden heute – im Gegensatz zu den noch immer gebauten traditionellen Häusern der Savanne – leider in zunehmendem Maße und machen häßlichen Einheitshäusern aus Lehmwänden und Wellblechdächern mit stickigen, heißen Innenräumen Platz. Die großartigsten

Abb. 4 Urwaldhaus

Schöpfungen der Waldland-Architektur sind leider schon lange verschwunden. Das waren die noch um die Jahrhundertwende gebauten Königshallen der Mangbettu im nordöstlichsten Zaïre mit ihren gewaltigen, Tonnengewölben ähnlichen Dächern. Ihre Maße – 35 Meter lang, 13 Meter hoch und 17 Meter breit – kamen fast denen einer europäischen Bahnhofshalle nahe.

Den größten Kulturraum Afrikas bildet die unendliche Savanne zwischen Wüste im Norden und Wald im Süden, das Gebiet, das meist mit dem Namen »Sudan« bezeichnet wird, wobei wir zwischen diesem Riesenraum und dem Nil-Sudan, der auch als Staat diesen Namen führt, unterscheiden müssen. Trotz der für die menschliche Kulturentfaltung nicht eben günstigen geographischen Gegebenheiten dieses Raumes, in dem auf eine kurze Regenzeit eine Trockenzeit von fast acht Monaten folgt, in dem außer Hirse (Sorghum und Pennisetum) so gut wie keine Nutzpflanzen angebaut werden und in dem die seßhaften Bauern wegen Futtermangels in der Trockenzeit auch kaum Haustiere halten können, ist der Sudan doch ein Land mit reicher und differenzierter Kulturgeschichte. Es ist ein Raum, in dem zwei ganz unterschiedliche Kulturen nebeneinander existieren: das altafrikanische Bauerntum (»Altnigritier«) und die »jungsudanischen« staatenbildenden Hochkulturen.

Den Bauern und ihrer Architektur wollen wir uns zuwenden. Ungeachtet der teilweisen Überlagerung durch die jüngere sudanische Hochkultur und ungeachtet des Kolonialismus hat sich das altafrikanische Bauerntum in vielen Regionen – vor allem in den hügeligen und gebirgigen Zonen des südlichen Burkina Faso, des nördlichen Togo und Benin, von Zentral-Nigeria und Nord-Kamerun – noch in ganz erstaunlicher Ungebrochenheit und innerer Geschlossenheit erhalten. Diese Kultur ist zutiefst vom Feldbau geprägt. Es ist eine Kultur, die in einem engen Verhältnis zur Erde steht, die nicht nur Materie und Wirtschaftsgrundlage ist, sondern die als die Große Mutter angesehen wird, die vom Samen ihres Ehemannes, des Himmels, geschwängert wird und die die Schöpfung entstehen läßt. Ebenso wie die Pflanzen wuchsen die ersten Menschen aus ihrem Schoße empor, und ebenso wie die verwelkenden Halme der abgeernteten Hirse kehren die Menschen nach ihrem Tode in die Erde zurück. Die Erde war heilig und mit einer großen Zahl von Tabus verbunden. Tötung bzw. das Fließen von Blut und der Beischlaf auf der nackten Erde waren schlimme Sakrilege, die die Übeltäter sühnen mußten, wollten sie nicht den Zorn der Erde auf sich lenken. Deshalb gibt es in dieser sich demokratisch regierenden Gesellschaft, wo die Blutsverwandtschaft (d. h. das Klansystem) die wichtigste soziopolitische Institution ist und wo die politische Willensbildung – falls man bei solchen Dimensionen, wie es ein Gehöft oder ein Weiler ist, überhaupt von »Politik« sprechen kann – durch die Alten und Weisen erfolgt, auch nur einen Amtsträger, dessen Funktion zugleich priesterlicher Natur ist. Es ist der »Erdherr«, sehr oft ein direkter Nachfahre des ersten Klangründers, der auch in dessen Gehöft lebt und regelmäßig an dessen Grab opfert.

Die Erde ist nicht nur wirtschaftliche Grundlage dieser bäuerlichen Kultur, sie ist nicht nur eine religiöse Instanz, sie ist auch in einer an Holz und Steinen armen Region das Material, aus dem man Häuser, Getreidespeicher und Gehöfte, die oft die imponierende Form von »Bauernburgen« haben, erbaut. Aus Erde bestehen die Grabmonumente der Vorfahren, die kegelförmigen Altäre für Himmel, Erde und Ahnen, aus Erde besteht auch der Amtssitz des Erdherrn. Das feste Gehöft, der burgähnlich geschlossene Weiler, ist die den Menschen auch emotional schützende Heimat. In wenigen Kulturen dieser Welt kommt der verbindende Schutz der

Abb. 5 Tamberma-Burg

Blutsverwandtschaft so stark zum Ausdruck wie hier. Junge Männer gründeten deshalb nach Möglichkeit auch keine neuen Gehöfte, sondern bauten die Behausungen an die Kernwohnung des Vaters, Vatersbruders des Großvaters, verbunden durch Zaun oder Mauer (»Wabensiedlung«). Nur wenn das umgebende Farmland gar nicht mehr ausreichte, entschloß man sich zur Gründung eines neuen Gehöftes und zur Anlage neuer Felder woanders, wozu der Erdherr als Vermittler feierlich um Erlaubnis gebeten werden mußte. Der Aufsatz von Annemarie Fiedermutz-Laun in diesem Buch ist wesentlich der bäuerlichen Lehmarchitektur des Oberen Voltagebietes gewidmet – einer Region, die durch die Fülle und Typenvielfalt ihrer Lehmbauten besonders interessant ist.

Die Bewohner (Mauren, Fulbe, Tuareg, Araber) der sich im Norden anschließenden Sahelzone und der Sahara nutzen die ökologische »Nische«, die die seßhaften Bauern nicht wahrnehmen können. Die spärliche Vegetation in der Savanne während der Trockenzeit erlaubt dem Bauern ja nicht das Weiden seiner Haustiere in einem eng umgrenzten Bereich. Sie erzwingt vielmehr – der südeuropäischen Transhumanz vergleichbar – einen permanenten Ortswechsel, um entsprechend den Jahreszeiten die besten Weidemöglichkeiten auszunutzen. So beweiden die Fulbe im westlichen und zentralen Sudan während der Regenzeit und unmittelbar danach die Trockensavanne, um bei zunehmender Trockenheit nach dem Süden zu wandern, wo sie in die Feuchtsavanne eindringen können, die nun frei von den den Rindern schädlichen Insekten ist, um dann bei einsetzender Regenzeit wieder in den Norden zu ziehen. Das setzt eine friedliche Symbiose mit den Bauern voraus, die die Erlaubnis für den Zug durch ihr Gebiet und zum Beweiden ihrer Brache erteilen müssen. Von den großen Zügen mit Kamelkarawanen, um lebensnotwendige Güter zu transportieren, wurde bereits gesprochen. Diese häufigen Ortswechsel und die Transportbedingungen beschränkten die materielle Kultur dieser Völker auf ein Minimum. Das gilt natürlich auch für die »Architektur«: Kuppelhütten aus Matten oder Zelte aus Leder oder selbstgewebtem Stoff bilden die Wohnungen, die schnell auf- und abgebaut werden können. Bei allen Sahel- und Wüstenbewohnern zeichnet sie sich – ebenso wie Kleidung, Schmuck, Gefäße, Lederarbeiten usw. – durch ein Höchstmaß an ästhetischer Gestaltung aus.

Alles besteht aus dem Material, das die Umwelt liefert und das mit den Technologien des jeweiligen Volkes bewältigt werden kann. Bei den Fulbe, die in etwas feuchteren Regionen wohnen, sind es kunstvoll aus Gras geflochtene Matten, die in bunten Farben getönt sind. Bei den Arabern bestehen die großen flachen Zelte aus langen Bahnen schwarzgefärbten Stoffes aus Kamel- oder Ziegenhaaren. Bei den Tuareg im Herzen der Sahara, die keine Weberei kennen, aber Meister der Lederverarbeitung sind, bilden prachtvolle, leuchtendrote Lederzelte die Behausungen. Nicht ohne Grund bewundern die Bauern die »eleganten und adligen Hirten«.

Abb. 6 Fulbe-Mattenzelt

Wir sind ans Mittelmeer gelangt. Vor dem Aufkommen des Islam, das die dieses Meer umwohnenden Völker und Kulturen in Christen nördlich und Muslime südlich der See teilte, konnte man von einer gemein-mediterranen Kultur sprechen. Nicht nur Umwelt und Nutzpflanzen, auch viele andere Kulturelemente waren dieselben. Dazu trug der Einfluß der Phönizier, Griechen und Römer als politischer wie kultureller Mächte viel bei. Architektonisch gehörte

Abb. 7 Mediterranes Kastenhaus

das Kasten- oder Würfelhaus mit zu diesem gemeinsamen mediterranen Kulturerbe. Es kommt auch heute noch auf beiden Seiten des Meeres vor: im Norden in der Provence, in Sizilien und in Griechenland und im Süden entlang der Nordküste von Afrika von Libyen bis Marokko. (Vorgeschichtlich kommt dieses Haus, wie die Ausgrabungen in Santorini bewiesen, auf den Kykladen bereits in minoischer Zeit vor.) Interessante Sonderformen, über deren kulturhistorisches Alter wir nichts wissen, bilden die vielstöckigen, Festungscharakter tragenden Wohnbauten Nordafrikas (Kasbah und Ksar). Das sind gewaltige, mehrstöckige Konstruktionen, wobei sozusagen ein Kastenhaus auf das andere gestellt wird, bis manche dieser Gebäude turmähnliche Formen erhalten. Äußert sich darin der Einfluß der arabisch-islamischen Stadtkultur des Maghreb, mit seinen hohen Stadthäusern und Wohntürmen, oder ist das alles kulturgeschichtlich »sehr alt«? Auf ein hohes Alter blicken die zum Teil gewaltige Ausmaße annehmenden Speicherburgen des Atlas-Gebirges zurück, die sich inmitten der Haufendörfer oder auf steilen Felsen erheben. Sie bestehen aus einem Wabenwerk einzelner Zellen, in denen früher jede Familie ihre kostbarsten Besitztümer barg. Sie sind Ausdruck echt bäuerlicher Gesinnung. Die Vielfalt dieser beeindruckenden Bauten, vor allem die großartigen Komplexe der »Familienburgen« und befestigten Dörfer, werden im Beitrag von Karl Heinz Striedter vorgestellt.

Wir kommen zum letzten Abschnitt dieser Einleitung, nämlich den Staaten und Hochkulturen, den »jungsudanischen«, staatenbildenden Kulturen der Savanne. Bisher hatten wir es mit bodenständigen Kulturen zu tun, die in der Totalität ihrer Existenz von der Auseinandersetzung mit der Umwelt abhingen und von ihr völlig geprägt waren. Nun begeben wir uns zu den großen Staaten und Völkern mit ihrer hierarchischen Schichtung und Spezialisierung der wirtschaftlichen Strukturen und sozialen Abhängigkeiten. Das ist die Welt der berühmten alten Staaten Ghana, Mali und Songhai und der noch heute existierenden und blühenden Völker und ehemaligen Staaten der Fulbe, Haussa und Bornu. Vermutlich verdankt diese Kultur ihre Entstehung den befruchtenden Kontakten, die dieses Gebiet seit mehreren tausend Jahren vom Mittelmeer und Orient her

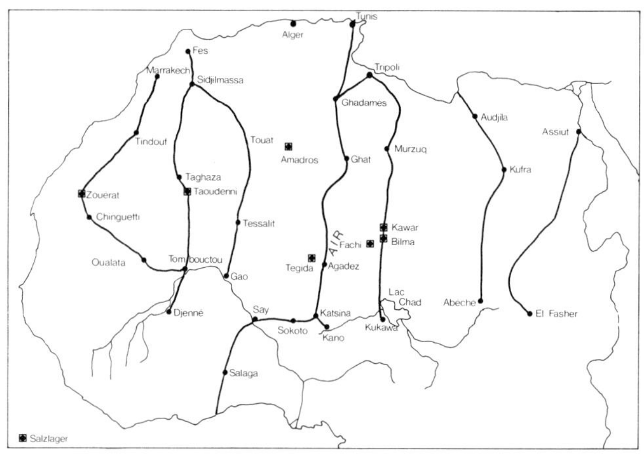


Abb. 8 Handelsstraßen

erreichten. Es ist kein Zufall, daß die großen kulturellen Zentren und die uns bekannten frühesten Staatenbildungen dort lagen, wo die Karawanenstraßen nach der Durchquerung der Sahara auf den — im Vergleich zur Wüste — fruchtbaren und dichtbevölkerten Sudan trafen. Die Entstehung von Kulturelementen und Institutionen, die den wenig differenzierten einfachen Bauernkulturen des Sudans ursprünglich fremd waren, wurde sehr stark durch den

Handel stimuliert. Der Sudan lieferte vor allem das im Mittelmeerraum so begehrte Gold seiner Flüsse und erhielt dafür Luxusgüter des Orients. Mit dem Handel entstanden neue gesellschaftliche Schichten, wie Händler und Handwerker. Reichtum wurde akkumuliert und politisch eingesetzt, größere Orte entstanden, die zu Zentren und Ausgangspunkten von Herrschaft wurden. Das starke Kulturgefälle von Nord nach Süd sorgte dafür, daß im Laufe der Jahrhunderte immer wieder neue Kulturelemente im Sudan eingeführt wurden und auch dort Fuß fassen konnten.

Die Expansion dieser Kultur und ihrer Elemente – die auch heute noch andauert – erfolgte nicht nur in Form einer allmählichen, friedlichen Durchdringung anderer Völker, die unter dem Eindruck der spirituellen und materiellen Überlegenheit des Neuen, das an sie herangetragen wurde, dieses freiwillig übernahmen. Sie erfolgte auch in brutaler Weise – militärisch wie politisch – auf Kosten der Bauern der Savanne. In kleine Familienverbände und Sippen aufgesplittert, waren sie häufig nicht in der Lage, den politisch gut organisierten Staaten mit ihrer in Baumwollpanzer gekleideten Reiterei ernsthaften Widerstand entgegenzusetzen. Das Kommen des Islam mit all seinen Konsequenzen (Verbreitung der arabischen Schrift und Sprache!) brachte es schließlich mit sich, daß der Sudan teilweise zu einer Dependance des arabischen Nordafrika wurde. Allein schon die materielle Kultur, vor allem die Formen des Handwerkers – soweit sie nicht autochthon waren wie Schmiederei und Töpferei –, zeigen den nördlichen Einfluß aufs deutlichste: Gerben, Färben von Leder und Lederarbeiten; Weberei mit Baumwolle, Färben und Besticken von Geweben.

Fast noch stärker kommt dieser Einfluß in der Architektur zum Ausdruck, wo unterschiedliche – sowohl aus der bäuerlichen Berber-Kultur wie aus der Stadtkultur des Maghreb stammende – Elemente rezipiert wurden. Architektonische Strukturen, die ursprünglich dem Sudan fremd waren, wie das Kastenhaus (das übrigens noch immer in Ausbreitung begriffen ist), die Mehrstöckigkeit, die verti-

Abb. 9 Stadthaus in Djenné

kal verlaufende Gebäudegliederung, die durch Lisenen und Pylonen verstärkt wird, das Fenster und anderes, wurden hier ausgesprochen kreativ aufgenommen und in einen typisch »sudanischen« Stil umgegossen. Innerhalb dieser Stilprovinz zwischen dem Atlantik und dem Tschadsee gibt es nun wiederum außerordentlich viele regionale Ausprägungen, wie die Wohnhäuser der Kotoko südlich des Tschadsees, die Häuser der Haussa in Nord-Nigeria oder die einsamen Moscheen im Mossi-Land. Eine Apotheose aber – und dieses pathetische Wort kann hier wohl ohne Bedenken verwendet werden – stellen die großartigen Moscheen und Bürgerhäuser in den Städten des Niger-Binnendeltas zwischen San und Timbuktu dar. Dorothee Gruner hat ihren Aufsatz den Lehmmoscheen dieser Region gewidmet. Sie gehören ohne Zweifel zum Monumentalsten und Schönsten, was die Architektur Schwarz-Afrikas hervorgebracht hat.

MITTELMEER
ATLANTISCHER OZEAN
Alger
Tunis
TUNESIEN
Rabat
Casablanca
Fez
MAROKKO
Hoher Atlas
Imilchit
Bou Guemeze
RHERIS
Marrakech
Skoura
Dadès
Goulmima
Rissani
TAFILALT
Anti-Altas
Zagora
Boumalne
O. Ziz
O. Dra
ALGERIEN
SPAN. SAHARA
LIBYEN
MAURETANIEN
S A H A R A
MALI
Senegal
Tombouctou
Bamba
SONGHAI
Gao
Agadez
SENEGAL
Boré
FULBE
NIGER
GAMBIA
Mopti
DOGON
Niger
Djenné
GUINEA-BISSAU
Bamako
BURKINA FASO
Niamey
Zinder
Bani
MOSI
Lyela
Ouagadougou
SENUFO
BOBO
GULMA
GUINEA
TUSIAN
GURUNSI
Roter Volta
Weißer Volta
Bobo Dioulasso
Kasena
Nankana
SOMBA/ TAMBERMA
Kwara
LOBI
Schwarzer Volta
MAMPRUSI DAGOMBA
LAMBA
SIERRA LEONE
Kong
BENIN
NIGERIA
GONJA
TOGO
Salaga
ELFENBEIN-KÜSTE
Benue
LIBERIA
GHANA
Volta
ASHANTI
Niger
ATLANTISCHER OZEAN
GURUNSI Ethnie
Nankana ethnische Untergruppe
0 250 km

# DAS WESTAFRIKANISCHE GEHÖFT IM 20. JAHRHUNDERT

Annemarie Fiedermutz-Laun

Seit Ende des 19. Jahrhunderts der europäische Einfluß auch im westafrikanischen Binnenland verstärkt einsetzt und neben einzelnen Handelshäusern im Zuge der Kolonisierung Verwaltungsposten netzartig die Sudanzone überziehen, halten Gebäude nach europäischem Muster Einzug in die Formenwelt der bäuerlichen Gehöftanlagen. Der im Verlauf eines sich verstärkenden Kulturkontaktes ausgelöste Architekturwandel vollzieht sich zunächst zögernd und erreicht die Zentren des traditionellen Bauens in mehreren, zeitlich und regional differenzierten Phasen. Ein letztes Stadium wird durch die Reduzierung und den Zerfall der als »rückständig« eingestuften traditionellen Bauformen und -techniken charakterisiert und leitet über zu jenen mit Wellblech gedeckten und aus Lehmziegeln oder Zement erbauten Häusern, die entlang der Landstraßen, im Zentrum von Dörfern mit Verwaltungsfunktionen und im Einzugsgebiet der Städte zunehmend dominieren.[1] Im islamischen Bereich Westafrikas vollzieht sich ein vergleichbarer Wandel bereits seit der Expansion islamischer Großreiche und repräsentiert mit dem »Lehmkastenhaus« nordafrikanische Bauformen auch in ländlichen Regionen. Daß dieser Haustyp jedoch nicht immer auf eine islamisierte Bevölkerung schließen läßt, wird im Nigerbogen deutlich, in dessen Kerngebiet, einem Schwerpunkt afrikanischen Bauens, islamische Bauformen durch europäischen Einfluß verbreitet werden. Denn der in der ersten Hälfte dieses Jahrhunderts aus Mangel an europäischen Materialien entwickelte »koloniale Lehmbau« orientiert sich an nordafrikanischen Vorbildern und wird im zentralen Nigerbogen – in die traditionellen Gehöftanlagen integriert – zu einem Element westafrikanischer »Lehmarchitektur«. Ein Begriff, der in der deutschsprachigen Ethnologie in der ersten Hälfte dieses Jahrhunderts mehr beinhaltet als eine Bauweise, die durch die Verarbeitung eines bestimmten Rohstoffes gekennzeichnet ist. Die Bauformen, die diese Architektur charakterisieren – das Gehöft mit der Vielzahl seiner funktionellen Bauten (Haus, Stall, Speicher), Wehranlagen sowie städtische Haustypen und Paläste – wurden mit »Kulturschichten«, Kulturströmungen oder Übertragungsprozessen verknüpft. Die heutige Forschung hat sich anderen Fragestellungen als diesen Zuordnungen zugewendet; jedoch bleibt die Untersuchung der historischen Prozesse, die zur Ausbildung dieser Architektur führten, auf der Basis der politischen, sozialen und religiösen Ordnungen, vorrangiges Anliegen. Zu den bisher gewonnenen Einsichten gehört die Erkenntnis, daß die politischen und gesellschaftlichen Strukturen der Ethnien, für die die »Lehmarchitektur« als charakteristisch gilt, nicht notwendigerweise an Lehmbauten gebunden, sondern unabhängig vom Baumaterial sind und architektonisch einen verschieden gestalteten Ausdruck finden. Der beobachtete Wandel von vegetabilischem Material zum Bauen in Lehm und umgekehrt oder von der Lehmbauweise zu der Verwendung von Zement und Wellblech kann zwar eine tiefgreifende Strukturänderung spiegeln, er kann jedoch auch Ausdruck traditioneller sozialer Positionen sein, der durch die Verwendung eines als »fortschrittlich« geltenden Materials – beispielsweise für das Haus des Gehöftoberhauptes – bestehende soziale Differenzierungen visualisiert.

## *Das Untersuchungsgebiet*

Aus der Region des Nigerbogens wurden das Obere Voltagebiet und angrenzende Landschaften exemplarisch für eine Untersuchung von Gehöftstrukturen gewählt, da sich in diesem Gebiet eine Forschungssituation bietet, die es ermöglicht, auf der Grundlage einer ethnischen Heterogenität und wechselvollen Geschichte, Bautraditionen im Wandel aufzuzeigen. Denn in diesem Raum hat sich nicht nur »die größte architektonische Variabilität auf afrikanischem Boden« ausgebildet (Leo Frobenius)[2], sondern es haben sich hier bis zum Ende des 20. Jahrhunderts verschiedene Phasen des sozialen Wandels parallel nebeneinander erhalten: die traditionelle Gehöftanlage der erweiterten Familie, das Kleingehöft der polygynen Kernfamilie und die Wohneinheit städtischer Siedlungen mit Kleinfamilien oder Einzelpersonen.

Die Geschichte des Nigerbogens wird zum einen durch kleinräumige Wander- und Sickerbewegungen einer Vielzahl von Ethnien geprägt, die in der kulturhistorischen Ethnologie zu den »Altvölkern« der Sudanzone gerechnet werden, die jedoch keine kulturell homogene Einheit darstellen. So verschieden daher auch ihre Bautraditionen gestaltet sind, so ist für ihre Architektur doch ein Phänomen kennzeichnend: der wehrhafte Charakter, der sich in den Auseinandersetzungen zwischen und innerhalb der einzelnen Gruppen entwickelt, der sich aber auch gegen den Einbruch großstaatlich organisierter Reiterkrieger richtet, der jahrhundertelang die Geschichte des Nigerbogens prägt. Die Herkunft einer dieser Gruppen wird im Osten, in Nord-Borgu gesehen, von wo aus die späteren Mosi, Gulma, Mamprusi und Dagomba nach Westen vorstießen und sich zum Teil in Nord-Ghana, in dem Gebiet von Gambaga festsetzten. Von dort aus erfolgte die Gründung einer Reihe von Reichen, unter denen das Mosi-Reich mit heute etwa zwei Millionen Menschen die größte Ausdehnung erlangte. Diese nicht-islamisierte Ethnie schirmte auf der einen Seite die »Altvölker« gegen Einfälle wie die der Fulbe des Staates Macina im Norden ab; auf der anderen Seite lag sie bis zur Befriedung durch die koloniale Herrschaft in ständiger Fehde zu den westlich und südlich benachbarten Gurunsi. Deren Gebiete wurden nicht nur durch Sklavenjagden und Raubzüge der Mosi entvölkert, sondern auch durch die vom östlichen Niger in der zweiten Hälfte des 19. Jahrhunderts einfallenden Djerma (Zamberma).

Auch der Süden und Westen des Gebietes hatte eine bewegte Geschichte. Der islamische Einbruch der Marka aus Nordwesten, die in der ersten Hälfte des 19. Jahrhunderts einen theokratischen Staat anstrebten, blieb durch den erbitterten Widerstand der ansässigen Gruppen von regional begrenzter Wirkung. Die Lobi rückten seit etwa zweihundert Jahren nach Norden in die nordöstliche Elfenbeinküste und das südliche Burkina Faso vor. Die Senufo unterlagen gegen den Staat Sikasso und wurden in Kriege gegen Kong verwickelt. Ende des 19. Jahrhunderts fanden diese Auseinandersetzungen im Westen ihren Höhepunkt im Kampf gegen Samori.

Die Vielzahl der Ethnien und ihre kriegerischen Auseinandersetzungen erklären die Variabilität und den wehrhaften Charakter der Bauformen – die Befriedung Ende des 19. Jahrhunderts den dann einsetzenden Wandel.

## *Phasen des Wandels*

Die traditionellen Dorfstrukturen verändern sich in einem anderen Rhythmus als die Strukturen der Gehöfte. So kann sich eine Verdichtung von Streusiedlungen zu neuen dörflichen »Zentren« bilden, die baulich durch wellblechgedeckte Zementbauten als Schule, Sanitätsstation, Verwaltungsbehörden, Gendarmerie, Missionsstationen, Tankstellen und anderes mehr, in Erscheinung treten. Eine aus Gründen der Verteidigung vorgenommene Agglomeration von Gehöften kann sich durch Zersiedelung verändern, durch den Zuzug weiterer ethnischer Gruppen können neue Dorfviertel entstehen. In den Zentren der

Städte dominieren Großbauten nach europäischem Muster. Gebäude in »neo-sudanischem« Stil, die um die Mitte des 20. Jahrhunderts städtische Lehmbauweisen in Zement imitieren, und der Versuch moderner afrikanischer Neuschöpfungen sind Einzelerscheinungen.

Voraussetzung für das Verständnis der baulichen Veränderungen in den Gehöftanlagen ist die Eigenschaft des Gehöftes als soziale, wirtschaftliche und rituelle Einheit. Sie spiegelt sich in der Form und Anordnung der Bauten. Die erweiterte Familie, die »Großfamilie«, bildet in der Regel eine Gehöftgemeinschaft. Sie setzt sich aus den männlichen Nachkommen des Gehöftgründers und ihren Frauen und Kindern zusammen. Die Ordnung ist patrilokal, das heißt, der Mann gehört von Geburt an zu seinem Gehöft, die Frauen durch die Heirat. Oberhaupt der Gemeinschaft ist der älteste Mann, dem nach seinem Tode der nächstälteste Bruder folgt. Er verteilt den Ertrag der kollektiven Feldarbeit, regelt Heiraten und vollzieht die Opfer an die Ahnen. Sein Haus liegt an einer bevorzugten Stelle der Anlage: rechts oder gegenüber dem Eingang, im Obergeschoß (bei einer mehrgeschossigen Bauweise) oder nahe am Eingang, wenn es sich um eine Wehranlage handelt. Das Haus der ersten Frau liegt geschützt, nahe dem Kultraum, im Hintergrund des Gehöftes. Witwen, jüngere Söhne und Brüder wohnen an weniger bevorzugten Stellen. So haben die unverheirateten jungen Männer in der Regel ihre Häuser links neben dem Eingang. Die Wohnhäuser und die ihnen zugeordneten Höfe umlagern bei einigen Gehöfttypen einen gemeinschaftlich genutzten Binnenhof, in dem sich die Speicher und Ställe befinden und in dem des nachts das Vieh eingestellt wird. In hierarchisch gegliederten Gesellschaften wie bei den Dagomba, Gulma oder den Mosi erweitert sich die Gehöftanlage um Bauten wie ein Palast für den Herrscher, zeremoniell verwendete Gebäude und um Wohnungen für die Diener. Da diese Gruppen für die eigentliche »Lehmarchitektur« weniger repräsentativ sind, wird im folgenden der Schwerpunkt auf die Wehranlagen der »Altvölker« gelegt.

Für den Wandel der Strukturen dieser Wehrgehöfte sind vorläufig vier Phasen festzuhalten:[3]

1. Das im 20. Jahrhundert traditionelle Gehöft wird weiterhin bewohnt. Auch in seiner wehrhaften Form, obwohl seit der Befriedung des Gebietes durch die Kolonialherrschaft Ende des 19. Jahrhunderts diese Bauform keine Funktion mehr besitzt. Im Nordwesten des Nigerbogens bei den Dogon, im Oberen Voltagebiet bei den Lyela, Kasena, Nankana und anderen Gurunsi-Gruppen, im mittleren Bereich bei den Bobo, den Lobi und angrenzenden Gruppen und im Süden bei den Somba/Tamberma existieren Wehrgehöfte, an die zum Teil enge religiöse Bindungen bestehen, weiter. Als erste Veränderung wird die Eigenschaft als befestigte Anlage aufgegeben. Bauelemente wie das Lehmflachdach weichen dem vor Niederschlägen schützenden Strohdach. Denn seine Eigenschaft als zusätzlicher Wohn- und Arbeitsraum in der räumlich beengten Verteidigungsanlage wird nicht mehr benötigt; ebenso entfällt die Notwendigkeit, auf brennbares Material zu verzichten. Konstruktion und Mauertechnik der Bauten werden in dieser Phase weitgehend beibehalten, doch können Wände statt aus Lehmmörtel auch aus in Holzmodeln gefertigten, luftgetrockneten Ziegeln errichtet werden. Die Öffnung nach außen mit mehreren Eingängen und unregelmäßige Anbauten sind für diese Phase charakteristisch.

2. Die wirtschaftliche Einheit des Gehöftes lockert sich, sozial und rituell bleiben die Bewohner jedoch der Gemeinschaft verbunden. Während traditionell die Felder von den Gehöftbewohnern gemeinsam bestellt werden und ihr Ertrag gemeinsam verzehrt wird, führt die im Zuge des europäischen Einflusses wachsende wirtschaftliche Unabhängigkeit der Kleinfamilie zu einer Privatisierung des Ertrags. Die Selbständigkeit der Brüder und Söhne des Gehöftoberhauptes äußert sich baulich durch Errichten eines Lehmkastenhauses oder, in selteneren Fällen, eines Hauses mit wellblechgedecktem Dach. Veränderungen, die zunächst weitgehend dem Gehöftherrn vorbehalten sind. Ein weiterer Unterschied zu der traditionellen Anlage zeigt sich in der zunehmenden Bebauung des Innenbereiches, der bei den Wehranlagen als geschützter Hofraum für Speicher und Vieh angelegt ist. Bei agglomerierten, in die Erde versenkten Wehrbauten »wachsen« die Häuser aus der Erde heraus. Auch entstehen Obergeschosse, die vom Mann bewohnt werden.

3. Als Folge der wirtschaftlichen Unabhängigkeit lockert sich der soziale Verband. Söhne und Brüder des Gehöftherrn siedeln mit ihren Frauen und Kindern aus; sie errichten Kleingehöfte, die in Struktur und Bauform stark reduziert sind. Die rituelle Verbundenheit mit dem Stammgehöft bleibt erhalten. Opfer und Totenfeiern werden von dem Familienältesten noch in der traditionellen Anlage vollzogen.

4. Die rituelle Bindung an das Stammgehöft löst sich. Vor allem die Wanderarbeiter, die von Burkina

Faso nach der Elfenbeinküste, nach Ghana oder Togo ziehen, verlieren die enge Beziehung zum väterlichen Gehöft. Ihr Kontakt beschränkt sich auf gelegentliche finanzielle Zuwendungen in Notzeiten; der rituelle Kontakt wird auf Besuche reduziert, wie sie anläßlich von Totenfeiern stattfinden. Diese Abwanderung von jungen Arbeitskräften ist eine der häufigsten Ursachen für den Zerfall von Lehmbauten. Bei einer Einwohnerzahl von etwa 7 Millionen Einwohnern bedeutet in Burkina Faso das Fehlen von etwa 500 000 jungen Männern eine starke Mehrbelastung für die zurückbleibenden Familien. Sie löst einen Einbruch in die traditionelle Sozialstruktur aus, deren Gleichgewicht neben anderen Faktoren auch darin zum Ausdruck kommt, daß in regelmäßigen, saisonal bedingten Abständen Reparaturen am Lehmgehöft ausgeführt werden. Ist dieses »kollektive« Instandsetzen nicht mehr möglich, so wird dauerhaftes Material – Wellblech und Zement – zum Ersatz für die fehlende Arbeitskraft.

## *Der Bauvorgang*

Eine Besonderheit bei der traditionellen Bebauung und Kultivierung des Bodens ist in Westafrika die Tatsache, daß Land nicht käuflich ist, sondern lediglich das Nutzungsrecht daran zugeteilt werden kann. Die Erde, die sakralen Charakter besitzt, wird von dem Erdherrn, dem religiösen Oberhaupt der Dorfgemeinschaft – bei einer Reihe von Ethnien früher auch politisches Oberhaupt –, verwaltet. Er übergibt dem Fremdling das Land gleichsam als eine Leihgabe. Im Machtbereich von Fürsten und Königen wurde, wie bei den Ashanti, von diesen oder von der Königinmutter das Land zur Verfügung gestellt, jedoch ebenfalls nicht verkauft. Im Einzugsbereich städtischer Siedlungen oder in Landstrichen mit großen Plantagen sind unter europäischem Einfluß Baugrund und Ackerland zunehmend käuflich.

Während in den islamischen Städten der Sudanzone Maurer und andere Handwerker zum Bauen herangezogen werden und mitunter auch in ländlichen Gebieten als wandernde Berufsgruppen auftreten, vollzieht sich im zentralen Nigerbogen das Bauen noch weitgehend im Familienverband. Zwar sind auch hier bestimmte Dorfbewohner als besonders geschickt beim Haus- oder Speicherbau bekannt und werden zur Mithilfe aufgefordert, doch sind es vor allem die Familienmitglieder – Männer, Frauen und Kinder, auch künftige Schwiegersöhne – die das Bauen übernehmen. Dabei wird jedes Familienmitglied entsprechend seiner Fähigkeiten eingesetzt: Das Herbeischaffen des Bauholzes und das Aufhacken einer Grube zur Mörtelbereitung übernehmen die jungen Männer. Ihnen obliegt auch die Aufgabe, das Rohmaterial »Erde« unter Zusatz von Wasser mit den Füßen kräftig zu treten. Ältere Männer kneten Ballen aus Lehm – wenn die Wände aus Lehmklumpen errichtet werden. Männer im mittleren Alter, die Erfahrung im Bauen haben, formen die Hauswände. Frauen und Kinder schaffen das zur Lehmmörtelbereitung notwendige Wasser in Tontöpfen herbei; Frauen kochen auch die für die Bewirtung erforderlichen Speisen und brauen Hirsebier. Im Zuge dieser Hilfeleistungen wird zugleich die technische Erfahrung an die nächste Generation weitergegeben.

Die Verarbeitung von in Kastenformen hergestellten Lehmziegeln verändert den Ablauf des Bauprozesses. Denn diese Ziegel können unabhängig von einer sofortigen Weiterverarbeitung am Rande eines Wasserlochs hergestellt, nach Bedarf verkauft, transportiert und gelagert werden. Zur Verarbeitung sind vor allem jüngere Männer notwendig und Helfer für den Mörtel, in den die Ziegel gelegt werden. Die Übergänge bei der Verwendung dieser Mauertechniken sind fließend, wie zum Beispiel in Gehöften der Lyela und Nankana in Burkina Faso und Nord-Ghana beobachtet wurde. Die traditionelle Verarbeitung von Lehmmörtel wirkt sich materialsparend aus, da durch die homogene Struktur die Wände weniger dick errichtet werden müssen als beim Ziegelbau. Doch kommen die allgemeinen Eigenschaften des Baumaterials »Lehm« bei beiden Verarbeitungstechniken zum Tragen:

In den heißen und trockenen Zonen der Erde ist Lehm anderen Baumaterialien überlegen – durch weite Verbreitung, leichte Verarbeitbarkeit und gute Wohneigenschaften (Wärme- und Lärmisolation, Feuerfestigkeit). Probleme ergeben sich bei der Festigkeit und Dauerhaftigkeit, denn ohne verstärkende Einschlußstoffe wie Häcksel oder Adhäsionsstoffe wie Kuhdung, ist der Lehm wenig zug- und biegefest und nur begrenzt druckfest. Die Resistenz gegenüber Niederschlägen ist gering und die Trockenhärtung, bei der der Lehm Feuchtigkeit abgibt, ist jederzeit umkehrbar. Die Tonteilchen sind aufschlämmbar; das Kristallgefüge kann aufquellen, so daß die Kohäsionskräfte geringer werden und der Lehm weich wird. Das kann letztlich zum Einsturz eines Lehmbaus führen, dessen Erhalt nur durch die erwähnten

Reparaturarbeiten nach jeder Niederschlagsperiode gesichert ist.[4]

Ökologisch interessant ist die Erscheinung, daß im Nigerbogen die Lehmarchitektur weit nach Süden verlagert ist. Die Niederschlagsmenge um den 10. Breitengrad liegt mit 1200 mm an der Grenze dessen, was eine Lehmbauweise noch ermöglicht. Dieses Ausweichen in die Feuchtsavanne ist – läßt man historische Erklärungen zunächst außer acht – durch die Konstruktion des Lehmflachdaches mit Hilfe von starken Stütz- und Deckenbalken zu erklären. Im besonderen die Bauten der Somba/Tamberma, der Lobi und Bobo sind auf diese Konstruktionen angewiesen. Im Zuge der fortschreitenden Erweiterung der baumarmen Trockenzone von Norden nach Süden ist daher der Übergang vom traditionellen Wehrbau zu dem zylindrischen Haus mit konischem Sparrendach auch eine ökologische Notwendigkeit.

## *Gehöfttypen und ihre Varianten*

Der Versuch, die Vielzahl der verschiedenen Gehöfttypen in Gruppen zu gliedern, kann sich zu einer ersten Orientierung an die Differenzierung in »geschlossene Baukörper«, bei denen alle Räume überdacht sind, und in eine Bauweise, bei der die Räume zwischen den Einzelbauten ungedeckt bleiben, anlehnen. Wie unzureichend jedoch diese Einteilung ist, und wie stark sich verschiedene Konstruktionsweisen, Mauertechniken und Raumaufteilungen mischen, wird an den Gehöftanlagen um den 10. Breitengrad deutlich, die in der Literatur unter »Lehmburgen« zusammengefaßt werden, jedoch – selbst bei gleicher Mauertechnik – grundsätzliche Unterschiede aufweisen. So zeigt das Gehöft der Somba/
Tamberma in den Atakora-Bergen Nord-Togos eine 2
Strukturverwandtschaft mit der Anlage der Tusian im westlichen Burkina Faso. Beide Bauten sind aus zweigeschossigen Türmen, deren Zwischenräume überdacht sind, zusammengesetzt. Die Tusian wohnen heute in zylindrischen Häusern mit konischem
Strohdach. Ihr Wehrgehöft ist verschwunden und 43
von ihm ist auch nur wenig bekannt; daher kommt der Zeichnung, die Leo Frobenius während seiner Forschungsreise, »Zweite Deutsche Innerafrikanische Forschungsexpedition« 1907/1908, anfertigen ließ,[5] besondere Bedeutung zu.

Die Gehöfte der Somba/Tamberma werden dage- 4
gen weiterhin errichtet. Sie bestehen aus mehreren zweigeschossigen zylindrischen Bauten, in deren oberem Bereich sich strohgedeckte Häuser befinden oder auf denen, ebenfalls strohgedeckte, Speicher

Abb. 1 Wehrgehöft der Tusian, 1908

Abb. 2
Wohnanlage in
Bobo-Dioulasso, 1889

sitzen. Zwischen diesen Türmen, etwa 40 cm über
dem Niveau des Hausbodens, erstreckt sich eine Ter-
rasse, die als Arbeitsfläche und Aufenthaltsraum für
Frauen und Kinder dient. Diese Terrasse ruht auf
einer Konstruktion aus Gabelpfosten und schweren
Deckenbalken, die ein Lehmschlagdach tragen. Der
Aufstieg zur Terrasse erfolgt innerhalb der Anlage
entweder direkt mittels eines Steigbaumes oder über
einen zentral gelegenen Turm, in den als Zwischen-
geschoß eine Küche eingebaut ist. Das Obergeschoß
wird in der Regel von Frauen und Kindern bewohnt.
Der Gehöftherr schläft nachts im Untergeschoß in
der Nähe des Eingangs, um die Ruhe der Bewohner
zu sichern. Im Untergeschoß wird auch Vieh einge-
stellt, ebenso befinden sich dort kleine Speicher,
Altäre und, im Eingangsturm, der Mahltisch für die
Frauen. Die Bewohner dieser Anlage sind die erwei-
terte Familie aus Mann, Frauen mit ihren unverheira-
teten Söhnen und mitunter die verwitwete Mutter
des Gehöftherrn. Bei der Verheiratung siedeln die
Söhne aus und errichten in Rufweite ein neues Ge-
3 höft. Veränderungen ergeben sich zum einen durch
das Errichten von rechteckigen oder runden stroh-
gedeckten Häusern neben der Anlage als Wohnung
von unverheirateten Söhnen. Zum anderen entste-
5 hen »Aussiedlerhöfe«, deren Baubestand sich aus
verschiedenen Formen zusammensetzt: Runde und
rechteckige strohgedeckte Häuser stehen in diesen
Kleingehöften neben wellblechgedeckten Firstdach-
häusern und dem traditionellen Lehmspeicher. Das
Baumaterial des Speichers bleibt der Lehmmörtel;
die rechteckigen Häuser werden aus Lehmziegeln
erbaut. Die unverputzte Lehmschichttechnik, in der
die traditionellen Gehöfte errichtet wurden, wird
aufgegeben.

Diese Mauertechnik verwenden auch die Lobi und 8, 9
benachbarte Gruppen, die zwischen diesen beiden
weit auseinanderliegenden Ethnien vorkommen. Die
ebenfalls »geschlossene« Bauweise ist jedoch agglu-
tinierend, das heißt, einzelne rechteckige oder un-
regelmäßige Raumzellen werden wabenartig anein-
andergesetzt. Die Räume sind untereinander begeh-
bar, nach außen hat die Anlage nur eine Öffnung.
Der Zugang zu der Terrasse, die große Bedeutung als 7
Arbeitsfläche der Frau besitzt und bis Ende des letz-
ten Jahrhunderts zur Verteidigung diente, erfolgt
durch einen Ausstieg vom Innenraum oder mittels 11
eines Steigbaumes von kleinen Höfen aus, die inner-
halb der Anlage liegen und als Sommerküchen, zum
Brauen von Hirsebier oder als Waschstellen genutzt
werden. Wie vor den Bauten in der Atakora-Kette liegt
vor dem Gehöft der Lobi ebenfalls ein kultischer Be-
reich mit Opferstätten. Die Speicher stehen im Inne-
ren der Anlage und werden vom Dach aus gefüllt

oder entleert. Sie sind auf der Dachterrasse an den
schirmartigen, zum Schutz gegen Niederschläge auf-
12 gesetzten Strohdächern erkennbar. Veränderungen
im Verlauf der letzten Jahrzehnte führen zu zusätz-
lichen Bauten in Ziegelbauweise außerhalb der An-
6 lage. Mit dem Entfallen der Verteidigungsfunktion
treten Speicher häufig neben das Gehöft, oder die
schützende Mauer nach außen entfällt. Auch können
zusätzliche Eingänge – für Mensch und Vieh – ange-
10 legt sein.

Auch die weiter im Norden siedelnden Bobo bauen
vergleichbare Wohnanlagen. Sie lösen jedoch das
Prinzip der Mehrräumigkeit auch in der Vertikalen,
indem sie traditionell zweigeschossige Häuser er-
14 richten. Die schematisierte Darstellung des Reisen-
den Capitaine Binger[6] von 1892 zeigt anstelle der
irregulären Würfel geometrische Räume, die über-
einandergesetzt sind. (Diese Form ließ sich während
der Untersuchungen, 1982 und 1983, nicht nachwei-
sen.) Unter den beiden Stilvarianten der Bobo-Archi-
tektur fallen jedoch neben einem Typ, der durch ein-
16 zelne, auf der Dachterrasse zurücktretende Räume
13 gekennzeichnet ist, auch geschlossene Fronten auf.
Beide Typen setzen eine besonders sorgfältige Kon-
struktion und eine zeit- und materialaufwendige Aus-
besserung nach jeder Regenzeit voraus. Gefährdet ist
hier, wie bei allen Lehmbauten, da sie ja überwie-
gend ohne Fundament auf den Boden aufgesetzt
sind, der untere Teil der Mauern. Das Fließwasser der
Niederschläge kann an dieser Stelle angreifen. Eine 16
Reparatur ist bei Ausfall der männlichen Arbeits-
kräfte im mittleren Alter nicht mehr durchzuführen. 17
Doch nicht nur durch die Wanderarbeit der Männer
werden die traditionell von ihnen bewohnten Ober-
geschosse funktionslos, sondern – wie das Beispiel
der Altstadt, der Sya, von Bobo-Dioulasso zeigt – die
Männer ziehen auch mitunter in wellblechgedeckte
Häuser in »moderneren« Wohngegenden und lassen
Alte, Frauen und Kinder in den zerfallenden Anlagen
zurück.

Vergleichen wir als ein zweites Beispiel Gehöfte,
die durch einen annähernd kreisförmigen Grundriß
gekennzeichnet und deren zylindrische Bauten aus
zu Klumpen geformtem Lehmmörtel errichtet sind,
so zeigt sich auch hier eine starke Differenzierung.
Daß es sich bei diesen Anlagen nur zum Teil um die
traditionelle Bauweise aus voreuropäischer Zeit han-
delt, wird an dem Wandel deutlich, den die Tusian
von dem erwähnten Wehrbau zu der heutigen stroh-
gedeckten Form ihrer zylindrischen Häuser vollzo- 43
gen haben. Komplexer dagegen ist diese Frage bei
den Mosi, Gulma und Dagomba, auch bei den Gonja
(vgl. Salaga), die – durch ihre starke Streitmacht ge-
schützt – traditionell keine Wehrbauten errichten.[7]

Abb. 3 Salaga, 1889

Abb. 4
Gehöft eines Wahrsagers, Nankana, Zecco, 1982

41 Dieser erste Gehöfttyp des »Rundlings« besteht aus den genannten zylindrischen, strohgedeckten Häusern, die durch absidenartig vorschwingende Lehmmauern verbunden sind und eine nach außen abgeschirmte Anlage bilden. Die Eingänge weisen nach innen, entweder zu einem gemeinsamen Binnenhof, der in seltenen Fällen dem Einstellen von Vieh dient, oder zu privaten, von halbhohen Lehmmauern um-
55 gebenen kleinen Höfen. Die einräumigen Bauten werden traditionell aus Lehmmörtel in Klumpen, zunehmend jedoch aus Lehmziegeln errichtet. Sie haben unterschiedliche Funktionen; sie dienen als Wohn- und Schlafraum der Frauen mit ihren Kindern, teilweise gleichzeitig als Küche, die mitunter auch einen gesonderten Raum besitzt. Andere Häuser sind Wohn- und Schlafhäuser der Männer, unverheirateter Söhne, Witwen oder Kult- und Vorratshäuser oder Ställe. In größeren Gehöften stehen eigene Häuser zur Unterbringung von Gästen bereit. Speicher befinden sich, wenn sie im Besitz der Frau sind, in der Nähe ihres Hauses. Speicher des Mannes haben ihren Standort deutlich sichtbar im Binnenhof oder in der Nähe des Eingangs. Der Eingang selbst und der ihm zugeordnete Bereich vor dem Gehöft besitzen soziale und religiöse Bedeutung. Bereits beim Bau des Gehöftes wird die Schwelle in ihrer Funktion als Übergang zwischen zwei Bereichen – drinnen und draußen – beopfert oder ein Objekt, wie ein Ei, unter dem Gehöfteingang vergraben. Auch wenn der Bereich vor dem Gehöft keine Altäre wie der Außenhof der Tamberma oder Lobi-Gehöfte aufweist, so kommt ihm doch als sozialer Raum große Bedeutung zu. Im besonderen dient er den männlichen Bewohnern als Versammlungsort, während die Frauen ihren häuslichen Tätigkeiten (Hirse-Mahlen, Kochen, Waschen, Kinderpflege, auch Töpfern) innerhalb des Gehöftes oder an bestimmten 55, 6
Stellen neben dem Gehöft (Hirse-Stampfen, Worfeln) nachgehen. 46

Innerhalb der Gruppe von Rundgehöften zeichnen sich Wehranlagen ab, bei denen zylindrische ein- oder mehrräumige Bauten – mit und ohne Strohdach – einen großen Binnenhof mit Speichern und Einstellplatz für das Vieh umlagern. Sie weisen eine Strukturverwandtschaft mit jenen »geschlossenen« Baukomplexen auf, die die Somba/Tamberma und Lobi bewohnen. Diese Gehöftform wird im folgenden eingehender dargestellt. Sie ist charakteristisch für eine Reihe von ethnischen Gruppen, die beiderseits der Grenzen von Burkina Faso, Nord-Ghana und Nord-Togo siedeln: Kusasi, Bisa, Bulsa und Teile der Gurunsi (mit Nankana, Kasena, Nabdam, Tallensi sowie den weiter nördlich siedelnden Lyela).

## *Traditionelle Bauformen. Ihre Funktion und Neugestaltung bei den Nankana und Kasena*

Das Gehöft der Ost- und Süd-Kasena sowie der östlich benachbarten Nankana zeigen weitgehend die 18
gleichen Bauformen. Die Anlagen der West-Kasena entsprechen ihnen zwar in der Gehöftstruktur, weichen jedoch durch eine zweigeschossige Bauweise und die Überdachung der Resträume von den Bauten der anderen Gruppen ab. Sie werden im folgenden nicht berücksichtigt.

Ungeachtet der bis auf geringe Varianten übereinstimmenden Bautraditionen der Nankana und Kasena, fällt ein grundlegender Unterschied auf: die Aufgeschlossenheit und Experimentierfreudigkeit der Nankana in Bezug auf neue Hausformen. Denn während sich bei den Kasena der Formenkanon auch in einem fortgeschrittenen Stadium des Wandels auf bestimmte Grundtypen konzentriert, setzen die Erbauer von Nankana-Gehöften zwischen ein-, zwei- und dreizylindrische Bauten quadratische und rechteckige Häuser, variieren sie durch Vorbauten, abgeschleppte Dächer, bogenförmige oder gerade Treppen, Dachbedeckungen in Lehm oder Stroh und überziehen alle Bauten verschwenderisch mit einer den Variantenreichtum vereinenden Dekoration.[8]

Ein auffallender Zug ist – angesichts dieses zeit- und materialaufwendigen Bauens – die Tendenz, ein Gehöft sofort zu verlassen, wenn das Orakel eine ungünstige Konstellation für die Bewohner feststellt. So wurde das Gehöft des Wahrsagers von Zecco, das 1982 aufgenommen wurde, drei Jahre danach nur noch als Ruine angetroffen, in deren Trümmern der Wahrsager als einziger Bewohner zurückgeblieben war.

Die Struktur dieses Gehöftes zeigt die für Kasena und Nankana typische Anlage: Das oval oder kreisförmig angelegte Gehöft hat einen nach Westen ausgerichteten Eingang, der beiderseits von zwei Ställen (A, B) flankiert wird. Nach Osten, zur Wetterseite hin, ist das Gehöft geschlossen. Die Häuser sind untereinander durch absidenartig vorkragende Mauern verbunden und richten ihre Eingänge nur nach innen. Die Wände der ein- und bi-zylindrischen sowie rechteckigen und quadratischen Bauten sind teilweise dekoriert. Eine Strohbedeckung der Dächer ist bei den Nankana häufiger als bei den Kasena. Den Wohnbereich betreten die Bewohner erst nach Durchqueren des Wirtschaftshofes (V), in dem die beiden Speicher des Gehöftherrn stehen. Dieser bewohnt rechts vom Eingang ein rechteckiges Haus (D) mit Flachdach, Vorbau, Treppe und angegliedertem Rundbau (E) für seine zweite Frau. Unter den weiteren Bauten ist das Rundhaus (H) zu erwähnen, in dem der Wahrsager seine kraftgeladenen Objekte aufbewahrt, sowie das Haus der ersten Frau (L), das bis auf den Anbau einer Treppe im traditionellen Stil errichtet ist. Die Häuser von Söhnen im nördlichen Bereich, ein Viehhof (T) im Nordwesten und ein Außenhof mit Altären (X), ein weiterer Stall (Y) und eine Lehmbank (Z) als Ruhesitz für das Gehöftoberhaupt sind weitere Elemente dieses Gehöftes. Es ist

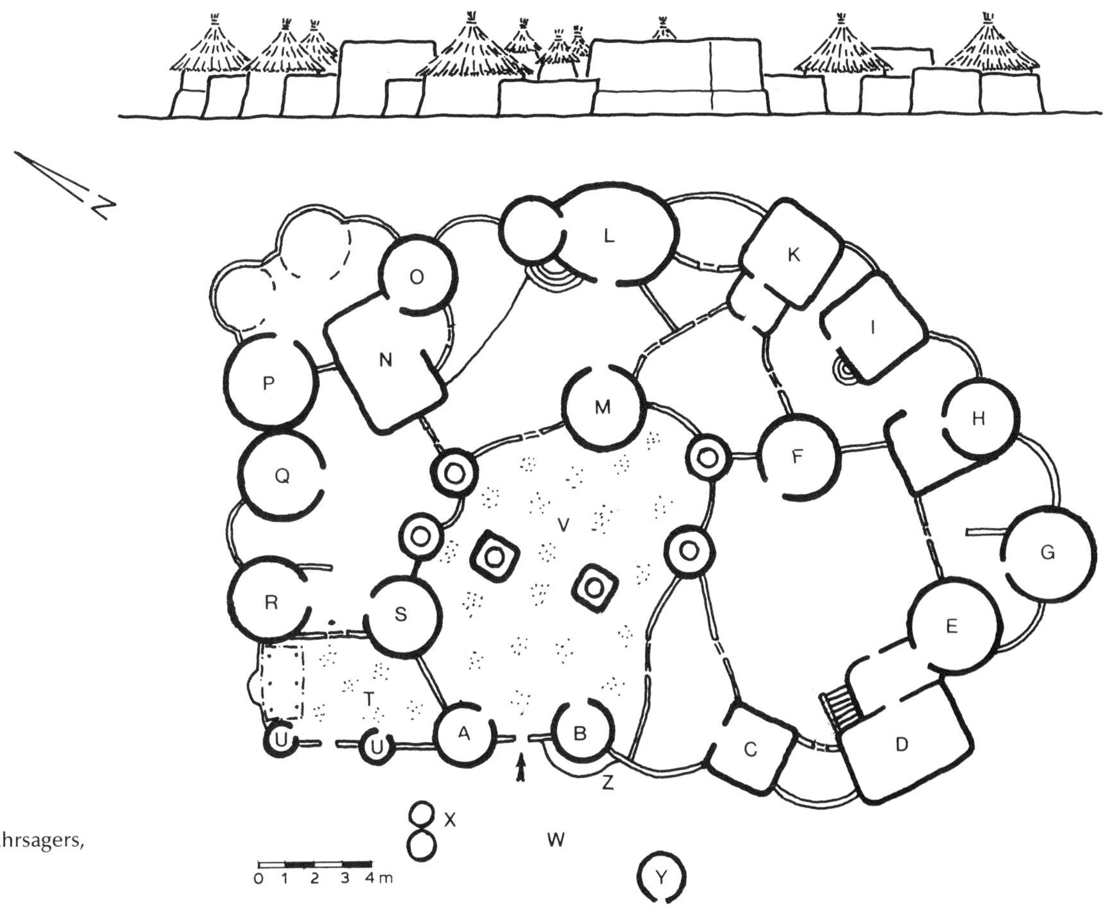


Abb. 5
Gehöft eines Wahrsagers,
Nankana, Zecco,
1982

von mittlerer Größe. Die Zahl der Bewohner kann zwischen fünf bis fünfzig schwanken. In großen Komplexen ist die Orientierung oft erst nach mehrmaligem Aufenthalt möglich. Bei älteren Gehöften befinden sich im Binnenhof oder vor dem Eingang Gräber von Gehöftältesten und ein Abfallhaufen.

Bei den Kasena unterliegen die Bauformen strenge-
ren Kriterien. Die schöpferische Formenvielfalt tritt
zurück hinter den traditionellen Bauten, unter
24 denen das Frauenhaus einen Höhepunkt afrikani-
scher Baukunst darstellt. Es verbindet die hervor-
ragende Bewältigung des Bauens in Lehm mit einer
strengen Funktionalität und einer hohen Ausgewo-
genheit der Form. Auch entwickeln die Kasena eine
differenzierte, symbolhaltige Wanddekoration, deren
geometrische Strenge durch den warmen Farbton
und die differenzierten Vorstellungen, die sie be-
inhaltet, gelockert wird. Neben treffenden Charakte-
risierungen wie »organische Architektur« oder »be-
gehbare Plastik« kann auf diese Bauten auch die Be-
merkung André Gides über die Häuser der Musgu
bezogen werden: »Es ist ein Werk von Töpfern, nicht
von Maurern.«

Das Frauenhaus mit angegliederten Räumen dient
23, 26 der Frau als Wohn- und Arbeitsbereich. Bei einer so-
zial hochgestellten Frau besteht es aus zwei zylindri-
schen, ineinandergeschobenen Räumen (I), einer un-
gedeckten Sommerküche (H) und nach Bedarf aus
einem weiteren Raum (K), der als Vorratsraum ge-
nutzt wird. Durch einen kleinen, dem Haus vorgela-
gerten Hof, der von einer halbhohen Mauer umge-
ben ist, und durch das von einer Brüstung umgebene
Flachdach wird der Bereich der Frau erweitert. Wie
bei den anderen Wehrbauten wird auch bei den
Kasena das Flachdach traditionell mit dem Steig-
22 baum erreicht. Die Dachfläche dient während der
trockenen Jahreszeit als Schlafplatz sowie zur Auf-
bewahrung und zum Trocknen von Anbau- und Sam-
melprodukten. Dem Hauseingang kann ein Altar
zum Schutz der Familie zugeordnet sein. Speicher
25 mit gedroschener Hirse befinden sich in der Nähe
20, 21 des Frauenhauses. Das Innere des Hauses wird
durch eine Deckenöffnung, die mit einem Topfring
ausgekleidet ist, nur spärlich erhellt. Die Einrichtung
ist, wie der gesamte Bau, aus Lehmmörtel gestaltet:
27 der ei- oder birnenförmige Speicher der Frau, der
28 Mahltisch mit den eingelassenen Mahlsteinen, Lehm-
bänke und das Widerlager für einen umfangrei-
chen Topfvorrat. Objekte aus vegetabilischem Mate-
rial – mit Kalebassen gefüllte Netze, aus Stengeln ge-
fertigte Schlafmatten, Körbe und Hocker – vervoll-
ständigen das Inventar des Schlaf- und Wohnraumes. Der Zugang zu der sich anschließenden Küche ist mit einer kleinen Mauer abgeschirmt, um Tiere und Kinder fernzuhalten. Die Wände dienen ringsum als Stell- und Stapelplatz für große Töpfe, die zum Kochen und als Vorratsbehälter dienen. Der Herd besitzt, wie das gesamte Haus, symbolische Bedeutung.

Durch Integration rechteckiger Bauten mit Flach- 29
dach wird die Gehöftstruktur und das Leben der Be-
wohner nicht verändert. Der nach Westen gerichtete
Haupteingang führt in den Wirtschaftshof, dessen
traditionelle Stall- und Speicherbauten erhalten blei- 30
ben. Auch behält das Frauenhaus seine zylindrische 32
Form bei, jedoch können, wie auch beim rechtecki-
gen Haus, Treppen zum Besteigen des Flachdachs an-
gegliedert werden. Die Aussiedlung in Kleingehöfte
führt zu einer Nivellierung der Bauformen, gibt je- 33, 3
doch auch Raum für Neuschöpfungen, unter denen
das bemalte und mit Dacheckaufsätzen plastisch 36, 3
dekorierte Haus eines Nankana in Boungou exem-
plarisch vorgestellt wird.

Eine Anlage, die mit der traditionellen Form des
Kasena-Gehöftes nur noch wenig gemeinsam hat, 38
zeigt – mit Ausnahme eines zylindrischen Hauses
mit Strohdach – rechteckige, zum Teil ovale Bauten,
unter denen das aus Lehmziegeln erbaute Haus des
Gehöftherrn ein wellblechgedecktes Firstdach auf-

Abb. 6 Wohnanlage und Frauenhaus der Kasena (Ausschnitt), Tiébélé-Goumpia, 1981

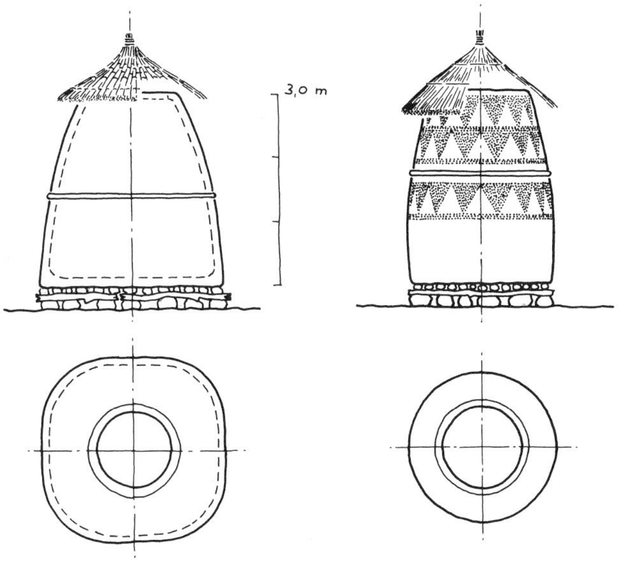


Abb. 7 Speicher des Mannes, Nankana 1982, Kasena 1981

weist, und die Anlage mit geraden Mauern nach außen abgeschlossen wird. Die Dachkonstruktion
39 entspricht dem strohgedeckten Firstdach der Waldlandhäuser, das zunehmend Einzug in die Kasena-
40 Architektur hält. Reduzierte Bauten werden mit einem Pultdach versehen und die Außenwände aus Lehmziegeln mit einem Zementputz verkleidet; eine Hausform, die in den Städten und ihrem Einzugsgebiet, auch entlang der Landstraßen, die traditionellen Bauformen ablöst.

## *Baudekoration, Hausrat und technische Einrichtungen*

Während die Bauform primär nicht nach ästhetischen Kriterien ausgerichtet ist, sondern zunächst den Prinzipien der technischen und konstruktiven Bewältigung des Baumaterials »Lehm« unterliegt, bringen eine Reihe von westafrikanischen Ethnien an ihren Bauten zusätzlich Dekorationen an, deren vielfältige Erscheinungen sich auf drei Grundtypen reduzieren lassen:

1. plastischer Wandschmuck in Lehm,
2. geflochtene Matten und Wände und
3. gravierte oder gemalte Wanddekorationen.

Die Halbreliefs in Lehm, die Gehöftmauern, Häuser und Speicher der Völker um den 10. Breitengrad zieren, sind von den Kulere in Mittelnigeria über die Dogon in Ost-Mali bis hin zu den Kissi und Sussu in Sierra Leone, Gruppen in Casamanca und bei den Fulah im Futahgebirge verbreitet. Meist werden diese Reliefs als geometrische Motive gestaltet, doch sind auch Tier- und Menschenfiguren und phallische Symbole als fruchtbarkeitsfördernd an Hauswänden und als Einfassung von Speicheröffnungen angebracht.

Kunstvolle Flechttechniken, wie sie in Liberia oder im Grasland von Kamerun zu finden sind, treten in der westafrikanischen Savanne zurück hinter dem Wandschmuck, der graviert oder gemalt wird. Diese Dekoration besteht ebenfalls aus geometrischen Zeichen und bedeckt im allgemeinen die Wohnhäu- 25
ser von Frauen mit sozial herausragender Stellung, wie die erste Frau oder Mutter eines Dorfoberhauptes. Jedoch können auch das Haus des Mannes, Hofwände und Speicher verziert sein. Die Gravierung erreicht bei den Kasena und Nankana einen Höhepunkt. Sie wird hier vornehmlich von den alten 1
Frauen des Gehöftes ausgeführt, denen die symbolische Bedeutung der Zeichen noch bekannt ist. Sie spiegelt Züge des sozialen Lebens, die besondere Bedeutung für die Bewohner eines Gehöftes besitzen: der am oberen Ende gebogene Würdestab des Gehöftältesten, die rituell geschlagene, sanduhrförmige Trommel und die strahlenförmige Tatauierung der Frauen sind seltene Darstellungen. Häufiger treten dagegen Zeichen auf, die zum Schutz des Hauses und zum Wohlergehen seiner Bewohner angebracht werden: das auf seiner Spitze stehende Dreieck für zerbrochene Kalebassen, das mit Unglück verbun- 24
den wird. Auch beim Tod einer Frau werden Teile des Hausrats auf der Wegkreuzung zum väterlichen Gehöft zerbrochen. Das im Gegensatz zu den »Kalebassenscherben« mit der Spitze nach oben zeigende Dreieck symbolisiert das Geschlecht der Frau und allgemein Fruchtbarkeit. Die Rauten des im Innenraum aufgehängten Kalebassennetzes weisen auf einen geordneten Hausstand hin, die kleinen Rauten des Fischernetzes verheißen Glück für den von den Frauen ausgeübten Fischfang. Mehrere, quer verlaufende Rauten bedeuten die Flügel der Fledermaus, die in den Innenräumen gerne geduldet wird. Eine einfache oder aus drei Teilen zusammengesetzte Zacke stellt den Fuß des Huhnes dar, des Haustieres, das unmittelbar zum Bereich der Frau gehört. Die doppelte Zacke steht als Zeichen für die Flügel des gefürchteten Hühnerhabichts und soll ihn daran hindern, die Küken aus dem Frauenhof zu schlagen.

Im Verlauf des Wandels werden diese Dekorationen seltener angebracht oder auf bestimmte Zonen der Häuser, die gut zu erreichen sind (Brüstung, Sockel, Einfassung der Öffnung), beschränkt. 18
Gravierungen treten zurück, die Zeichen werden ge-

20 malt. Anstelle natürlicher Farben aus Erde, Pflanzensäften, auch Ruß, wird beispielsweise für schwarz auch das beim Straßenbau verwendete Bitumen benutzt. Die Zahl der Symbole wird reduziert, gegenständliche Motive nehmen zu. Sie spiegeln in einer fortgeschrittenen Phase den Kanon der durch europäischen Einfluß gewandelten Einrichtungen und technischen Objekte.

36 Unter den wenigen kreativen Neuschöpfungen fal-
35 len Dachaufsätze bei den Nankana auf, die ein zuvor in Ghana tätiger Wanderarbeiter geschaffen hat. Möglicherweise sind sie ein Nachklang jener kunstvollen Dachaufsätze aus Ton, mit Tier- und Menschengestalten, die vor allem in Togo zu einer Blüte gelangt sind. Die tönernen Dachringe, die von den
41 Lamba und benachbarten Gruppen, aber auch von
30 den Kasena angebracht werden, stehen mit diesen Aufsätzen in Zusammenhang. Die Weiterverwendung von Tontöpfen, bei denen der Boden beschädigt ist, als Dachaufsatz, setzt sich fort in dem Ge-
21 brauch von Emailschüsseln. Sie haben, wie die ganze Kategorie von bunt bemaltem Emailgeschirr, eine rasche Verbreitung erfahren. Die zum Teil kunstvoll pyrogravierten Kalebassen, die Vielzahl der Kategorien von Gebrauchskeramik, die vom Kinderspielzeug aus Ton, Pfeifenköpfe für die Männer bis zu einer Vielzahl von dekorierten und zum Teil rituell verwendeten Töpfen führt, reduziert sich zunehmend auf einige wenige Grundtypen. Deren Konstanz ist funktionsbedingt, wie bei dem großen Was-
24 servorratsbehälter, der in jedem Hof steht und durch die hygroskopischen Eigenschaften des Tones und den dadurch hervorgerufenen Kühleffekt keinen Ersatz durch europäische Produkte findet. Die Verwen-
12 dung von Wassertransportgefäßen dagegen ist aufgrund ihres hohen Eigengewichtes rückläufig. An ihrer Stelle werden Eimer aus Blech bevorzugt. Wei-
48 tere Haushaltsgeräte, wie Hocker, werden in den Dörfern geschnitzt; im Umkreis der Städte finden sich
61 auch aus Brettern hergestellte Exemplare. Kisten aus Holz oder Metall halten Einzug in die Inneneinrichtung. Kein Ersatz bietet sich für die im Haushalt un-
12, 50 entbehrlichen Körbe, ebenso für die Mörser und Stö-
46, 49 ßel, mit denen die Frauen Getreide (Hirse) stampfen. Ein Wandel bahnt sich bei diesen Geräten nur in großen Dörfern und im Umkreis der Städte an, wie allgemein die Technologie, die der Nahrungszubereitung dient – auch die Mühle zum Mahlen von Hirse und der Speicher zur Aufbewahrung gedroschener und ungedroschener Hirse – weitgehend dem traditionellen Muster folgt.

Unter den technischen Einrichtungen erhält sich
die offene Feuerstelle als »Herd«, verbesserte, brenn- 61
stoffsparendere Anlagen werden von europäischer Seite konzipiert. Es finden sich jedoch auch bei Gruppen der Gurunsi bereits entwickelte Herdformen, zum Teil mit Kamin oder in Gruppen zusam-
mengefügte große Töpfe zum Brauen von Hirsebier, 59, 62
die traditionell die Wärme des Feuers besser ausnutzen. Die »Hirsebierküchen« gehören zu den technischen Einrichtungen, die funktioneller Bestandteil
eines Gehöftes sind: zu ihnen zählen auch der Mahl- 28, 15
tisch der Frau, Trocken- und Räucherofen, in Töpfer- 53
dörfern zum Teil Brennöfen für Keramik und, bis in die Mitte dieses Jahrhunderts, außerhalb des Dorfes Rennöfen zum Verhütten von Eisenerz. Die Senufo gelten als besonders geschickte Schmiede und verwenden ihre Rennöfen und Abbaustellen noch in der zweiten Hälfte des 20. Jahrhunderts.

In der bäuerlichen Technologie kommt dem Speicher, in besonderem Maße der technischen Bewältigung dieser Einrichtung, eine hervorragende Rolle zu. Seiner formalen Variabilität stehen einige wenige technische Grundprinzipien gegenüber: Die Wahl der Form mit kugeligen oder eiförmigen Körpern
(Bisa, Somba/Tamberma, Kasena, Dagari, Songhai), 5, 27
mit zylindrischen Körpern (Tusian, Senufo, Nuna) 44, 5
oder mit runder Basis und rundem Zulauf (Kasena, Nankana, Lyela). Speicher, die in ihrem oberen Drittel zu einer Kuppel geformt sind, erreichen große
Dimensionen und sind weit verbreitet. Der Standort 57
bedingt die Gestaltung des Unterbaus. Während bei Speichern, die sich im Haus befinden, auf ein Schirmdach aus Stroh verzichtet werden kann und auch der Boden nicht gegen Nässe geschützt werden muß, stehen die becherförmigen Speicher der Senufo, zum Teil auch die quadratischen Kuppelspeicher der Mosi, auf Lateritbrocken. Die Außenspeicher der Gurunsi, Samo, Dogon, zum Teil auch der Mosi und andere stehen auf einem Stützrost aus Steinen und Balken. Wenig resistent gegen Nässe sind die tönernen Füße der Tusianspeicher im Freien. Bei allen Ethnien kommen mehrere Speichertypen gleichzeitig vor. Sie entsprechen bestimmten Funktionen und Besitzverhältnissen. Für historische Untersuchungen sind die Speicher wichtige Zeugnisse, an deren Formen und Bauweisen sich mitunter ihre Herkunft ablesen läßt. So verstärkt zum Beispiel der zusammengesetzte Urnenspeicher der Bobofrauen Hinweise auf eine enge Verbindung von Architektur und Hausrat dieser Gruppe mit dem Mande-Gebiet. Auch die weite Verbreitung, die der

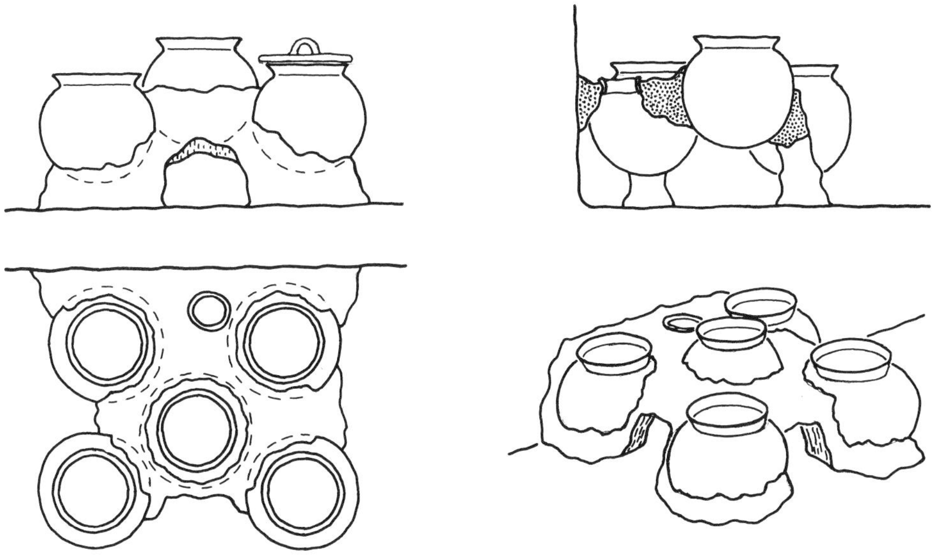

Abb. 8 Herdanlage zum Kochen von Hirsebier, Lyela, Boulgye, 1981

Kuppelspeicher mit quadratischer Basis durch die Förderung der Kolonialverwaltung gefunden hat, ist von historischem Interesse, da seine dominierende Stellung in oder vor den Gehöften den Blick für ältere, baulich weniger prägnante Speicherformen verdecken kann.

## *Zur Erhaltung traditioneller Bausubstanz*

Solange Erwägungen, ob aus politischen, kultur- und kunstgeschichtlichen Gründen Bauten und Objekte erhaltenswert seien, von Regierungsseite nicht einbezogen werden, ist ein »Denkmalschutz« im Sinne von zielgerichteten Maßnahmen zur Erfassung, zum Schutz und zur Pflege von für die Gemeinschaft bedeutsamen Bauten im westafrikanischen Raum ohne Voraussetzung. Zu dem Schritt, einige exemplarische Bauwerke als »Monument Historique« oder »Monument National« zu deklarieren, wie dies von marokkanischer Seite aus erfolgte,[9] gibt es im Nigerbogen keine Parallelen. Allenfalls Ansätze von seiten islamischer Gemeinschaften, die historische Lehmmoscheen mit einem Zementputz gegen Witterungseinflüsse umkleiden, wie bei den Freitagsmoscheen von Safané und Bobo-Dioulasso. Weitere Beispiele finden sich in Mali (beispielsweise in Mopti) oder der nördlichen Elfenbeinküste (in Kwara). Diese technisch unzureichenden Versuche und das Bemühen, durch Fassadenverkleidungen aus Naturstein (wie in Timbuktu) oder aus gebranntem Ziegel (in Diré) die alten Bauten zu erhalten, haben zur Folge, daß durch die Wirkung des strukturlosen glatten Zementmaterials und durch die die Ziegelverblendung voraussetzenden geraden Kanten und Flächen der handmodellierte Charakter der Lehmbauweise verlorengeht.[10]

Im ländlichen Raum des Nigerbogens stehen der Tendenz der Bewohner, ihre Lehmbauten mit fortschreitender Entfunktionalisierung dem Zerfall preiszugeben, einige wenige Ansätze gegenüber, den Bestand an charakteristischen traditionellen Bauformen zu erhalten. Die Motive sind unterschiedlich.

Die Erkenntnis, daß durch zahlende Besucher die wirtschaftliche Situation ihres Dorfes verbessert werden kann, hat bei den Dogon fast touristisches Ausmaß angenommen. Dagegen sind die Versuche eines Bobo-Dorfes in Burkina Faso geradezu bescheiden: In Koro, einem in Felsformationen gelegenen Dorf bei Bobo Dioulasso wurde 1982 der noch bis 1977 geheimgehaltene, leicht begehbare Zugang für Fremde geöffnet, die bislang nur über einen schmalen, steilen Pfad die Anhöhe erklimmen konnten. Anders der Versuch eines Peo, eines »Gauhäuptlings« der Ost-Kasena, Gäste in seinem Dorf zwar willkommen zu heißen, jedoch den traditionellen Bereich seines Gehöftes gegen Besucher abzuschirmen. Diese läßt er von jungen Männern seiner Familie auf einem vorgegebenen Weg durch den Südteil der Anlage führen. Der nordwestliche Teil jedoch, in dem die große Kultanlage und das älteste Haus des Gehöftes liegen, werden nicht betreten. Diese Gebäude sind reich dekoriert und in einem guten Erhaltungszustand; sie haben Aussicht, den Zerfall der anderen traditionellen Bauten zu überdauern.

Eine Einzelerscheinung ist die Erhaltung eines zylindrischen Hauses mit konischem Strohdach, das in Tiakané bei den West-Kasena als Obergeschoß mit der Begründung erhalten wird, daß hier der Reisende Capitaine Binger auf dem Weg nach Ouaga-
64 dougou 1888 Aufenthalt genommen hätte.

Eine emotionale Affinität an die traditionellen Bauweisen wurde während der Untersuchungen 1980 bis 1986 mehrfach festgestellt. Auch wurde die Bereitschaft, die traditionellen geometrischen Wanddekorationen aus Anlaß einer Totenfeier wiederherzustellen, in Garango, bei den Bisa, durch unser Interesse geweckt. In Silli, bei den Nuna, erwogen nach den Bauaufnahmen die jungen Männer des Dorfes, ihr geplantes Jugendhaus nicht nach europäischem Muster mit einem Wellblechdach zu versehen, sondern das aus ungebrannten Ziegeln zu errichtende Haus mit einem Lehmflachdach zu erbauen und die daraus folgenden Reparaturen jährlich auszuführen. Allerdings zeigte sich an einem anderen Bauwerk in Silli, dem Palast des Peo, die Problematik, im Zuge der sich wandelnden politischen Strukturen, den Dorfbewohnern die Notwendigkeit von Reparaturarbeiten zu vermitteln. Mit dem Verlust seiner Führungsposition hatte der Peo auch nicht mehr die ihm von der Kolonialverwaltung zugestandene Macht, Frondienste zum Bauen zu fordern. Um eine direkte Verweigerung von Hilfeleistungen zu umgehen, begründeten die Dorfbewohner ihre ablehnende Haltung damit, daß der zum Reparieren des Palastes notwendige Mörtel mit Kinderblut gemischt werden müsse – eine Anknüpfung an Gründungsmythen der Sudanstädte – und zu solchen Opfern seien sie nicht bereit. Als der noch vor dem Zerfall durch eine Bauaufnahme festgehaltene Palast der Zerstörung anheim gefallen war, herrschte in dem Dorf ein gewisses Bedauern, der Vorgang galt jedoch als unabwendbar.

Mit der Auflösung von Dorfstrukturen und der wirtschaftlichen, sozialen und religiösen Einheit der »Großfamilie« sind nicht nur solche Einzelbauten, sondern auch die Gehöfte der westafrikanischen »Lehmarchitektur« dem Zerfall preisgegeben, wenn man, wie eingangs erwähnt, diesen Begriff nicht nur auf das Bauen mit Erde beschränkt. Ob Freilichtmuseen mit bäuerlichen Bauten mehr als nur Typen repräsentieren – das heißt, ob sie auch die Strukturen, die diese Architektur tragen, deutlich machen können, ist nicht nur für afrikanische Einrichtungen dieser Art fraglich.

## *Anmerkungen*

1 Die Strukturen und Bauformen von Gehöften im Oberen Voltagebiet wurden von der Verfasserin von 1979 bis 1986 untersucht. Die Veröffentlichung der Ergebnisse erfolgt im Rahmen der Arbeit »Lehmarchitektur und ›Lehmkomplex‹ in Westafrika. Siedlungs- und architekturhistorische Untersuchungen am Beispiel nicht-islamischer Ethnien im Oberen Voltagebiet«, in Vorbereitung.

2 Und Afrika sprach. III (Berlin): 302. *Leo Frobenius* prägte den Begriff »Lehmarchitektur« im kulturhistorischen Sinne und sammelte während seiner Westafrikareise 1907/08, die »Zweite Deutsche Innerafrikanische Forschungsexpedition«, umfangreiches Material zu Bautraditionen in Mali, Burkina Faso und Togo. Die Dokumente sind zum Teil veröffentlicht, unter anderem in »Das unbekannte Afrika«, München 1923. Sie sind archiviert im Ethnographischen Bilderarchiv des Frobenius-Instituts, Frankfurt am Main. Arbeiten zur westafrikanischen Lehmarchitektur neben anderen, *Herta Haselberger,* Die Wandmalerei afrikanischer Neger. In: Zeitschrift für Ethnologie 88, 2 (1957): 209–237; Bautraditionen westafrikanischer Negerkulturen. Eine völkerkundliche Kunststudie. Wissensch. Schriftenreihe des Afro-Asiatischen Instituts in Wien, Bd. II, Wien 1964. *René Gardi,* Auch im Lehmhaus läßt sich's leben. Graz 1973. Unter den monographischen Arbeiten ist besonders umfassend, *Jean-Paul Lebeuf,* L'habitation des Fali. Montagnards du Cameroun septentrional. Paris 1961. Aus der Sicht des Architekten, *Jean-Paul Bourdier/Trinh T. Minh-ha,* African Spaces. Designs for Living in Upper Volta. New York 1985.

3 Zum Verlauf des Wandels siehe auch *Fiedermutz-Laun,* Architekturforschung in Obervolta und ihre ethnologische Aussage. In: Paideuma 29 (1983): 141–220.

4 Siehe auch *Rudolf Wienands,* Zum Lehm als Baumaterial. In: *Hans Wichmann (Hrsg.),* Architektur der Vergänglichkeit. Lehmbauten der Dritten Welt. Basel, Boston, Stuttgart 1983: 18–25.

5 Das unbekannte Afrika, 1923: 67. Diese von *R. v. Hugershoff* bei den Tusian aufgenommene und von *H. Hagler* ausgearbeitete Skizze gibt auch Details, wie die Form des Mörsers, exakt wieder; vgl. Foto 49.

6 Auf seiner Erkundungsreise im westlichen und zentralen Nigerbogen, 1887–1889, macht Binger auch Beobachtungen zu den Bauformen, die wichtiges Vergleichsmaterial liefern. Die abgebildete Skizze aus Bobo-Dioulasso, Binger I 1892: 567.

7 Vgl. auch die Ansicht von Salaga, Binger II 1892: 89. Sie zeigt auch die beginnende Islamisierung mit der Integration einer Dorfmoschee und Bauten mit rechteckigem Grundriß.

8 Für die Ergänzung und Überarbeitung der Zeichnungen 4 und 5, auf der Grundlage von Bauaufnahmen 1981 und Ausarbeitungen von Gerd König, danke ich *Peter Butendeich.* Ebenso für seine Hilfe bei den Bauaufnahmen 1981 und die Anfertigung der Zeichnungen 6–8. *Hannelore Kunkel* bin ich für die Ausführung der Fotolaborarbeiten sehr verbunden. Dem Centre National des Recherches Scientifiques et Technologiques, Ouagadougou, gilt mein aufrichtiger Dank für seine Hilfestellungen. – Die Fotos (ausgenommen 24, P. Butendeich, 31 und 33, A. Benamour) stammen von der Verfasserin.

## *Tafeln*

1 Gravierte und gemalte Zeichen, die symbolische Bedeutung besitzen, zieren die Innen- und Außenwände von Frauen- und Männerhäusern der Ost-Kasena. (Kasena, Tiébélé, 1981)

2 Das Dorf der Tamberma ist als Streusiedlung angelegt. Traditionell liegen die Gehöfte in Rufweite voneinander entfernt. (2–5 Tamberma, bei Niamtougou, 1982)

3 Rechteckige Gebäude zwischen den Gehöften sind sekundäre Erscheinungen. Sie werden häufig von Söhnen des Gehöftherrn bis zur Gründung einer eigenen Familie bewohnt.

4 Für die »Lehmburg« der Tamberma sind zweigeschossige, zylindrische Türme – in der Regel symmetrisch angeordnet – charakteristisch. Ahnenaltäre stehen vor dem Eingang.

5 »Aussiedlerhöfe« werden, zum Teil unter dem Druck der Regierung, mit »modernen« Bauten errichtet. Der aus Lehmmörtel geformte Speicher bleibt erhalten.

6 Die Baustelle der Lobi zeigt neben der traditionellen verzapfenden Lehmschichttechnik ein Lager von luftgetrockneten Ziegeln zum Bau von Nebengebäuden. (6–12 Lobi, Ouangara, 1982)

7 Das typische Gehöft der Lobi besitzt keine Fensteröffnungen und ist nur durch eine Türöffnung zugänglich. An der Außenwand befindet sich ein Trocken- und Räucherofen.

8 Die aus Lehmmörtel handgeformte Wand besteht aus sechs etwa 40 cm hohen Schichten. Die Werkzeuge dienen zur Bearbeitung des Bauholzes und zum Aufhacken der Lehmgrube.

9 Der eingekerbte, gegabelte Baumstamm, ein »Steigbaum«, dient als Leiter zum Besteigen der Dachterrasse.

10 Der Eingang zu diesem Stall kann mit Hölzern verschlossen werden. Das Flachdach wird aus von Gabelpfosten gestützten Deckenbalken, Querhölzern und einer Lehmschicht konstruiert.

11 Der von Mauern eingefaßte Hof wird als Sommer- oder als Hirsebierküche genutzt. Die Abflußrinnen für das Regenwasser vom Flachdach und gegabelte Stützbalken sind gut zu beobachten.

12 Die Dachterrasse ist zusätzlicher Schlafplatz und Arbeitsraum der Frau. In die Decke münden Innenspeicher, deren Öffnungen von Schirmdächern aus Stroh geschützt werden.

13 Geschlossene, fast »städtisch« anmutende Straßenfronten charakterisieren die Architektur des Bobo-Dorfes Koumi. (13–15 Bobo, Koumi, 1982)

14 Eine mehrräumige, agglutinierend gebaute Anlage dient einer erweiterten Familie als gemeinschaftliche Wohnung. Männer bewohnen das Obergeschoß, Frauen und Kinder das Untergeschoß.

15 In dem Trocken- und Räucherofen werden auch die Nüsse des Karité-Baumes getrocknet, deren Öl für die Nahrungszubereitung große Bedeutung besitzt.

16 Ein zweiter Typ der Bobo-Architektur ist durch würfelförmige Obergeschosse charakterisiert. Das Fließwasser der Regenzeit gefährdet auch hier den Fuß der Mauern. (Bobo, Sarossagasso, 1984)

17 Werden die nach jeder Regenzeit notwendigen Reparaturen am Lehmbau nicht ausgeführt, so stürzt das Gebäude ein. (Bobo, Koro, 1977)

18 Das Gehöft der Nankana und Kasena zeigt nach außen rhythmisch vor- und zurückschwingende Mauern und Wände von flach- oder strohgedeckten zylindrischen Häusern. (Nankana, Zecco, 1982)

19 Im Innern eines Gehöftes der Ost-Kasena gruppieren sich Frauenhäuser aus zylindrischen Räumen mit vorgelagerten Höfen und Speichern zu Wohneinheiten. (Kasena, Tiébélé, 1977)

20 In komplexen Gehöften führen festgelegte Wege zu den einzelnen Kernfamilien. Die Orientierung ist mitunter erst nach mehreren Besuchen möglich. (Kasena, Tiébélé-Kora, 1983)

21 Der runde Speicher mit Dekorwulst und Bemalung entspricht dem bei den Kasena und benachbarten Gruppen traditionell verbreiteten Typ. (21, 22, 24–26 Kasena, Tiébélé-Kora, 1981)

22 Auch die Kasena nutzen die von einer Brüstung umgebene Dachterrasse als Erweiterung des Wohnraumes. Unter anderem werden hier Feldfrüchte zum Trocknen ausgebreitet.

23 Der ungedeckte, zylindrische Raum – eine Sommerküche – mündet in den privaten Hof einer Frau. Ein Steigbaum führt zur Dachterrasse. (Kasena, Tiébélé-Goumpia, 1981)

24 Ein Höhepunkt afrikanischer Baukunst ist das Frauenhaus der Kasena – ein plastisches Gesamtgefüge von ineinandergeschobenen zylindrischen Räumen, die flach gedeckt sind.

25 Eine reiche, symbolhaltige Dekoration ziert die Wände des Hauses, das die Mutter des Peo, des »Gauhäuptlings«, bewohnt. Ein beopferter Ahnenaltar steht neben dem Eingang.

26 Der Wohn- und Arbeitsbereich der Frau wird durch einen Hof erweitert, in dem die Bewohnerin Besuche empfängt und ihren häuslichen Tätigkeiten nachgeht.

27 Zu einer Inneneinrichtung gehören auch ein Lehmspeicher, Schlafmatten und mit Kalebassen gefüllte Netze. (27, 28 Kasena, Langouérou, 1981)

28 Der Mahltisch ist – wie auch Bänke, Sockel und Trennmauern – aus Lehm geformt. Ebenso das Halbrelief einer Schlange; ein Motiv, das Fruchtbarkeit symbolisiert.

29 Traditionelle Elemente, wie der pylonenartig verstärkte Eingang, können sich mit rezenten Bauformen zu einer ausgewogenen Anlage verbinden. (29, 30 Kasena, bei Tiébélé, 1982)

30 In den Wirtschaftshof wird nachts Vieh eingestellt. Speicher, Ställe, ein Misthaufen und der ungestampfte Lehmboden charakterisieren diesen Bereich des Gehöftes.

31 Erst in geringem Maße besteht die Möglichkeit, durch Luftaufnahmen den Strukturwandel zu dokumentieren. Der Wirtschaftshof, bizylindrische und rechteckige Häuser sowie strohgedeckte Ställe sind hier deutlich sichtbar. (Kasena, Kampala, 1979)

32 Das Nebeneinander von runden und rechteckigen Bauten spiegelt die traditionsbewahrende Aufgabe der Frau und die »fortschrittlich« geprägte Haltung des Mannes. (Kasena, Langouérou, 1981)

33 An Stelle des Steigbaumes werden aus der kolonialen Lehmarchitektur Treppen zum Besteigen der Dachterrassen übernommen. (Kasena, Kampala, 1979)

34 Die Treppen sind massiv gebaut, haben jedoch keine einheitliche Gestalt. Sie können mit oder ohne Wangen errichtet werden. (Kasena, Tiébélé-Kora, 1982)

35 Der Dacheckaufsatz – ein Element der Stadtarchitektur – könnte in seiner figuralen Gestalt von tönernen Dachaufsätzen in Nord-Togo beeinflußt sein. (36–38 Nankana, Boungou, 1982)

36 Traditioneller Dekor ziert den oberen Teil der Hauswand. Der untere Bereich zeigt die Auseinandersetzung mit dem europäischen Einfluß.

37 Das Kleingehöft des aus Ghana zurückgekehrten Wanderarbeiters Ayolgou repräsentiert eine Möglichkeit, rezente Bauformen in Lehm kreativ zu gestalten.

38 Hinter einer geraden Mauer vereint dieses Gehöft ovale und rechteckige Häuser (mit Flach- und Wellblechdach), mit einem runden, strohgedeckten Stall. (Kasena, Tiébélé-Kora, 1982)

39 Grundriß und Konstruktion des Firstdachhauses sind weitgehend unabhängig von der Dachbedeckung, die aus Stroh oder Wellblech bestehen kann. (Kasena, Tiakané, 1982)

40 Der Typ des »städtischen« Hauses hat hier ein Pultdach, Blechtüren und -fenster und ist aus mit Zement stabilisierten Lehmziegeln gebaut. (Ouagadougou, 1984)

41 Die Rundgehöfte der Lamba bestehen aus strohgedeckten Häusern, die durch Lehmmauern verbunden sind. Alle Eingänge öffnen sich nach innen. (Lamba, 1982)

42 Die Speicher der Tusian liegen ungeschützt außerhalb der Gehöfte. Während der Regenzeit sind sie teilweise von Hirse verdeckt. (42–46, 49 Tusian, Toussiana, 1984)

43 An Stelle von voreuropäischen Wehrbauten bewohnen die Tusian heute Gehöfte aus eingeschossigen, zylindrischen Häusern. Zu den traditionellen Schopfformen der Strohdächer vgl. die Zeichnung, 1908.

44 Der zylindrische Tusian-Speicher hat eine weite Mündung und trägt ein Schirmdach aus Stroh. Seine Lehmfüße bieten dem Fließwasser der Regenfälle wenig Widerstand.

45 Die Hirse, das Hauptnahrungsmittel, wird sorgfältig in die Speicher eingelagert. Aus der roten Rispenhirse (andropogon sorghum) wird auch das Hirsebier gebraut.

46 Das tägliche Stampfen der Hirse – wie auch das Worfeln – verrichten die Frauen an einem bestimmten Platz neben dem Gehöft.

47 Unter den verschiedenen Gefäßtypen stellt die Tonschale eine Grundkategorie dar. In einer verkleinerten Form dient sie zum Essen. (47, 48 Mosi, Tikaré, 1982)

48 Hocker treten in zahlreichen Varianten auf. Dieses Exemplar wird von der Frau während des Kochens benutzt.

49 Die Tusian-Frauen verwenden zwei Mörser-Formen. Der im unteren Drittel eingekerbte Typ entspricht dem auf der Zeichnung, 1908, wiedergegebenen Mörser.

50 Körbe werden in den einzelnen Ethnien mit unterschiedlichen Formen und Techniken hergestellt. Sie sind in jedem Hausrat unentbehrlich. (Mosi, Kaonguin, 1984)

51 Die Speicher der Senufo sind denen der Tusian ähnlich, stehen jedoch, zum Schutz gegen Nässe, auf Steinen. (51, 52 Senufo, Katoura, 1984)

52 Vor diesem Senufo-Gehöft befinden sich Speicher und – unter einem Schattendach – die Schmiede des Dorfes.

53 Der Brennofen, den die Mosi-Töpfer verwenden, bedeutet gegenüber dem offenen Feldbrand der Töpferinnen eine wesentliche technische Verbesserung. (53, 54 Mosi, Sapéo, 1985)

54 Ein Bewohner von Sapéo trägt das von ihm getöpferte Gefäß zum Brennofen.

55 Blick in ein Mosigehöft. (Mosi, Dakola, 1982)

56 Auf einer Baustelle. Neben Lehmklumpentechnik zeigt die noch unverputzte Hauswand eine rezente Technik aus Ziegeln zur Stabilisierung des Unterbaus. (Lyela, bei Réo, 1981)

57 Der quadratische Speicher eines Gehöftherrn der Mosi, mit Kuppel und Schirmdach, ist auf Steine gestützt; zwischen ihnen suchen Hühner Unterschlupf. (Mosi, Tikaré, 1982)

58 In Gehöften der Vorbevölkerung der Mosi münden alle Häuser in einen gemeinsamen Binnenhof. Hier ist auch der Standort des Speichers mit einer Strohhaube. (Mosi, Kaonguin, 1984)

59 Die Herdanlagen zum Brauen von Hirsebier gruppieren, brennstoffsparend, große Töpfe und überdecken die Resträume. Dieser Typ verbreitet sich bei Nachbarethnien. (Bisa, Ouarégou, 1981)

60 Frauen üben das Töpferhandwerk in ihrem Gehöft aus. Die Töpferin aus Sapéo formt eine Schale ab. (Mosi, Lay, 1985)

61 Die offene Herdstelle mit drei Stützpunkten für die rundbödigen Töpfe ist der am häufigsten verwendete Herdtyp.
(61, 62 Ouagadougou, 1984)

62 Detail aus der Konstruktion einer Brauanlage.

63 Das strohgedeckte Haus mit Sparrendach ist gegen Erosionen besser geschützt als das Haus mit Lehmflachdach. Dennoch erfordert es sorgfältige Reparaturen. (Mosi, Sakoinse, 1982)

64 Der Reisende Capitaine Binger soll 1889 in diesem Haus Unterkunft gefunden haben. (Kasena, Tiakané, 1982)

65 Dieser Speicher ist reparaturbedürftig. Wenn er bis zur nächsten Regenzeit nicht instand gesetzt wird, zerfällt er wieder in sein Rohmaterial, Erde. (Mosi, Gourcy, 1982)

1

4

5

6

7

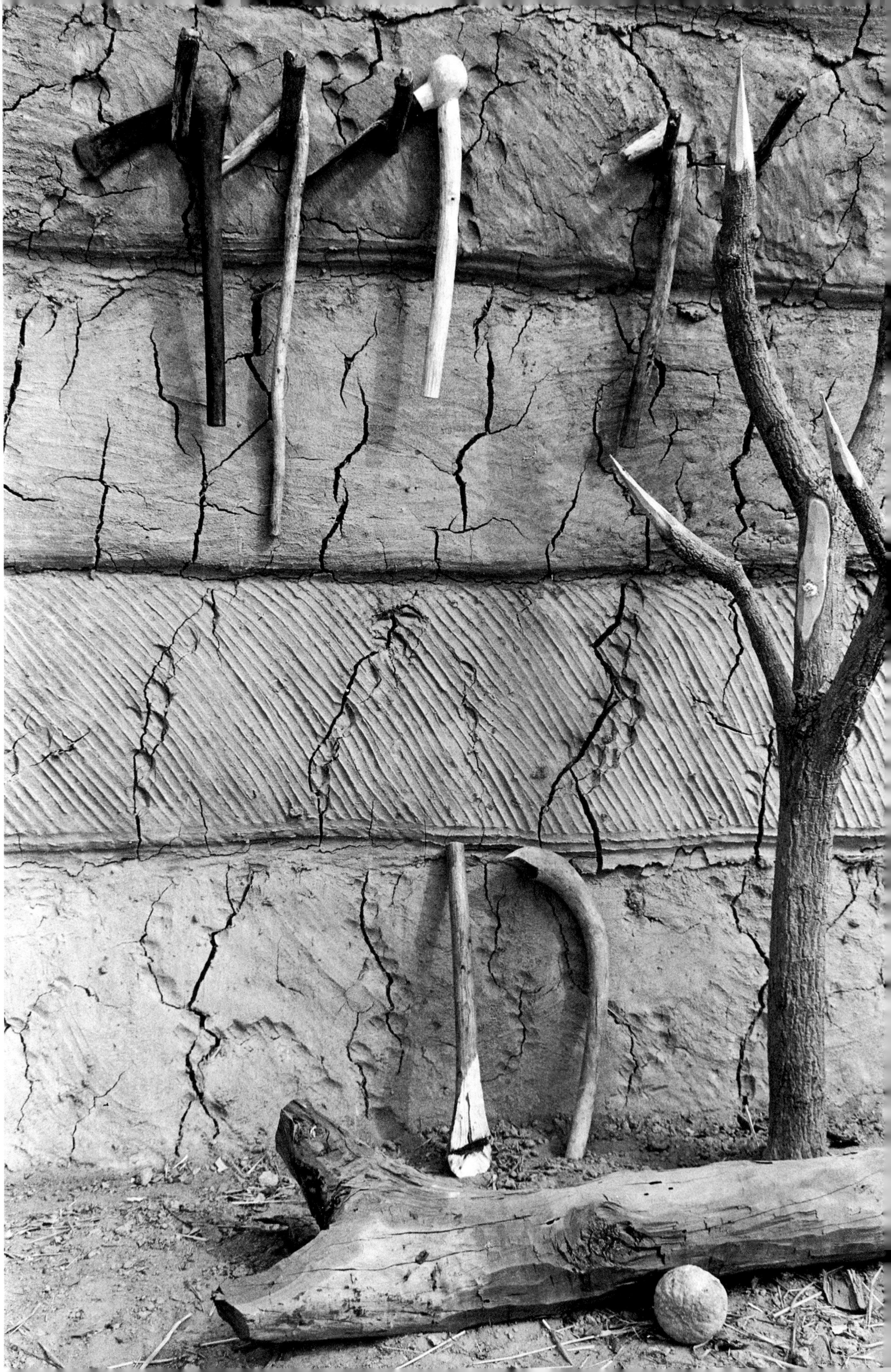

14
15

16

17

18

19

22
23

24 ▷

29

30

31

32

33

35

36

37

39

40

41 ▷

◁ 42

43

47

48

49

50

55

56

58

59

63

64 ▷

# ZWISCHEN BAMBA UND BORÉ: WESTAFRIKAS ORIGINÄRER BEITRAG ZUR MOSCHEE-ARCHITEKTUR

Dorothee Gruner

Die Lehmarchitektur südlich der Sahara zeigt in wesentlichen Merkmalen den Einfluß Nordafrikas. Ausgehend von den Siedlungszentren entlang und am Ende der großen Karawanenwege wurden über Jahrhunderte maghrebinisch-islamische Elemente erfahren und assimiliert. Zusammen mit den autochthon-sudanischen Formvorstellungen haben sie schließlich zu einem Baustil von eigener Ausdruckskraft geführt. Kennzeichnend für die sogenannte jungsudanische Kulturlandschaft ist der kubische Baukörper mit Terrassendach geworden, der hier das Bild der Dörfer und Städte mit ihrer räumlichen Enge bestimmt.

Ihr auffallendster Bautyp ist die Moschee, ein
Großbau im Zentrum der Siedlung. Vor allem am Mit-
telniger – zwischen Ségou und Gao auf dem Territo-
rium der Republik Mali – dominiert er alle Ortschaf- 1
ten und gibt ihnen in der reliefarmen Landschaft
schon aus der Ferne eine wiedererkennbare Sil-
houette. Das gilt bei abnehmender Siedlungsdichte auch noch für Burkina Faso und die nördlichen Gebiete von Ghana bzw. der Elfenbeinküste (Volta-Niger-Region). In den zentralsudanischen Haussa-Gebieten im Süden der Republik Niger oder im Norden von Nigeria sind die Moscheebauten von geringer Höhe. Es sind zwar Kuppelbauten mit deutlichem architektonischen Anspruch, aber sie überragen nur selten das Ensemble der Häuser, die sie umgeben.

Lehm ist nicht nur einer der ältesten, sondern auch einer der vergänglichsten Baustoffe. Er behält seine Gestalt nur mit Hilfe des Menschen und in seinem permanenten Schutz vor Wind und Wasser. Lehmbauwerke, die über Jahrhunderte erhalten werden – und das ist außer bei einzelnen Palastbauten nur bei Moscheen bekannt geworden –, sind deshalb immer Generationenkunstwerke. Sie sind historische Dokumente von unschätzbarem Wert in einem Gebiet, in dem Geschichte vorzugsweise erzählt und nicht geschrieben wurde. Aufzeichnungen nordafrikanischer Reisender und einzelne lokale Chroniken in arabischer Schrift sind Ausnahmen[1].

Die geringe Attraktivität des Baumaterials, die materielle Armut der Innenausstattung, auch die Mühsal des Reisens im Bereich der Steppe und Savanne können Gründe dafür gewesen sein, daß die sudanische Moscheearchitektur als Ganzes bisher nicht zur Kenntnis genommen wurde[2]. Allein aber die Beobachtung, daß sie archaische Elemente aus der Frühzeit des Moscheebaus kennt, die der Islam anderswo längst aufgegeben hat, muß sie zu einem Studienobjekt ersten Ranges für eine allgemeine Baugeschichte machen. Wechselnde politische Verhältnisse neben ethnischen Besonderheiten prägen sie ebenso wie in anderen Kontinenten. Der Einfluß des Maghreb im Westen bzw. des Vorderen Orients im zentralen Sudan früher und heute der der Heiligen Stätten Mekka und Medina bestimmen ihr Erscheinungsbild mit. In der Vergangenheit kamen auch technische Innovationen dem Lehmbau zugute. Erst seit die Gegenwart Lehm als Baumaterial in Frage gestellt hat, scheint die gestalterische Kraft Westafrikas überfordert zu sein und die lange Tradition einer eigenen Architektursprache in Vergessenheit zu geraten.

Die folgende Bildsammlung hat die Absicht, die Originalität der westsudanischen Moschee mit ihrem unverwechselbaren Formenkanon zu dokumentieren und vielleicht auf Westafrika selbst einzuwirken, auch in den Lehmbauten seine großen gestalterischen Fähigkeiten wiederzuerkennen: Ihnen verdankt die Weltkunst Meisterwerke der Plastik aus Holz und Metall, deren Rang seit langem unbestritten ist.

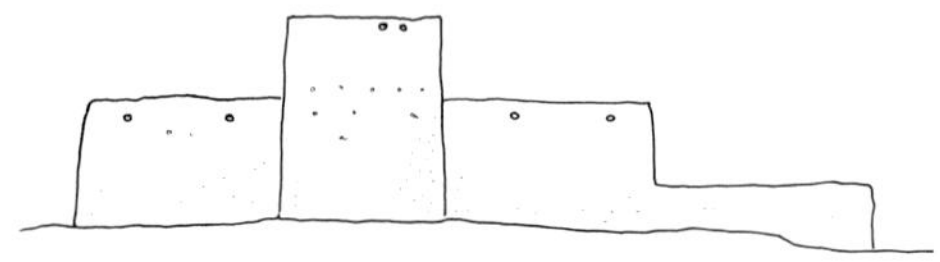
Ostseite

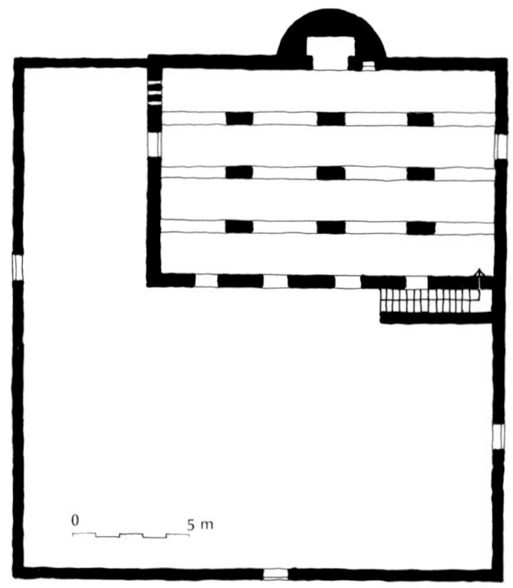


Abb. 1 Bamba, Freitagsmoschee

## *Bamba und Si: Islamisches Konzept*

Im Unterschied zu Nordafrika verbreitet sich im subsaharischen Raum islamisches Gedankengut über Jahrhunderte auf friedlichen Wegen. Händler sind seine Vermittler. Erste Kontakte sind bereits für das 8. Jahrhundert nachweisbar. Die jungen islamischen Staatsgebilde im Norden unterhalten Handelsbeziehungen zu einem Reich Ghana, dessen Hauptstadt heute in Koumbi Saleh, einem Ausgrabungsfeld im Süden von Mauretanien gesehen wird[3].

Wir wissen nicht, wie die ersten Moscheen hier aussahen. Aber El Bekri, der im 11. Jahrhundert Ghana beschrieb, fand ihre Zahl – ein Dutzend, darunter eine Freitagsmoschee – erwähnenswert[4]. Man kann annehmen, daß es einfache Bauwerke waren, vielleicht nur abgesteckte Plätze *(muṣallā)*, die heute noch dem gläubigen Moslem als gültige Betstätte, Ort der Niederwerfung *(masdjid)*, gelten. Ausgrabungen in Mauretanien zeigen Reste von Hofmoscheen aus dem 12. Jahrhundert: Es sind Gebäude mit einem Flachdach, innen durch Stützen in Querschiffe gegliedert, einer Gebetsnische *(miḥrāb)* in Richtung Mekka und einem meist an der Gegenseite angrenzenden Hof. Minarette konnten an keinem Ort sicher nachgewiesen werden[5].

Dieses Bauschema ist bis heute für den Steppengürtel Westafrikas typisch und wiederholt sich vom Senegal über Mauretanien und Mali bis Niger. Im Gegensatz zu Mauretanien, das den Stein verwendet[6], handelt es sich in allen anderen Ländern ausschließlich um Lehmbauten, so z. B. auch bei der Moschee von Bamba. Sie liegt hoch über den Dünen des linken Nigerufers und wurde erst vor wenigen Jahren errichtet, an derselben Stelle, an der schon mehrere Vorgängerbauten standen. Es ist ein flaches Gebäude. Breite Pfeiler teilen den Innenraum in vier Schiffe. Sie tragen auch die Last des Daches, eine Holzkonstruktion aus Akazienästen, außen von einer Stampflehmschicht überzogen. Der *miḥrāb*-Nische im Inneren entspricht an der Außenfront ein halbrunder, stumpfer Turm, der das Flachdach nur wenig überragt. Er ist nach Mekka, nach Osten »orientiert«, denn die Bestimmung der Mekka-Richtung *(ḳibla)* richtet sich hier wie im gesamten Westsudan nach Sonnenaufgang. Außen- und Innenmauern sind schmucklos, ungegliedert, ihr Lehmputz ist rissig. Bis auf den *miḥrāb*-Turm fehlt jedes Architekturdetail, das dem Bau mehr Aufmerksamkeit geben würde als den Gehöften des Ortes. Der Westhof ist in Bamba als Ausnahme breiter als das Betraumgebäude und umfaßt es auch noch im Norden. Bis auf einen kleinen Calotropis-Strauch (Sodomsapfel) ist der Hof leer, der Sonne ausgesetzt; seine Mauern sind fast unter Flugsand vergraben.

Der Muezzin ruft von der Dachterrasse zum Gebet. Eine Freitreppe, die vom Hof hinaufführt, lehnt sich an die Fassade des Betraums. Die sehr einfache Lösung, das Flachdach als Rufwarte zu nutzen, stammt noch aus den Anfängen des Islam; ein separater Turmbau mit gleicher Funktion, das Minarett, ist dagegen ein wesentlich jüngerer Bauteil. Die Treppe zum Dach als Minarett-Äquivalent hat sich, von wenigen Ausnahmen abgesehen[7], nur in Westafrika erhalten. Sie hat sich hier sogar mit sehr abwechslungsreichen Formen zu einem Merkmal der traditionellen Lehmmoschee entwickelt.

Die Größe der Bauten kann bei unverändertem Baukonzept erheblich reduziert werden, der Betraum auf zwei Schiffe, sogar auf einen einzelnen, ungegliederten Raum schrumpfen. Das ist typisch für
4 kleine Dorfviertel- oder Marktmoscheen. Si, mehrere hundert Kilometer südwestlich von Bamba, am Rand des Niger-Binnendeltas in einem landwirtschaftlich reichen Gebiet gelegen, ist hierfür ein Beispiel. Es ist ein zweischiffiger Betraum, kaum 3 x 5 Meter groß, an
5 den ein etwa gleichgroßer Westhof grenzt. Kennzeichnet die Steppe den Stil von Bamba mit seiner Strenge und Schmucklosigkeit, so fällt in Si die Freude am Detail auf: Hohe kegelförmige Dachzinnen überragen die Dachterrasse, Gebäudeecken und Turm werden betont herausgearbeitet, ihre Spitzen mit Straußeneiern geschmückt oder mit Keramikkappen gegen die Unbill der seltenen, aber heftigen Niederschläge geschützt. Die Treppe zum Dach liegt parallel zur Hofmauer und bildet in ihrem Schatten eine Nische. Es ist der Aufbewahrungsplatz der Wassergefäße für die rituelle Reinigung vor dem Gebet. Brunnen, die in der Geschichte des Moscheebaus zu höchst bemerkenswerten Anlagen geführt haben, haben sich als Bauaufgabe südlich der Sahara nie gestellt. Sogar die größten Lehmmoscheen bewahren ihren Wasservorrat in der gleichen Weise wie Si oder Bamba nur in einem Depot von Tonkrügen auf.

## *Timbuktu, Gao und Agadez: Feudaler Anspruch*

Bamba liegt auf halbem Weg zwischen Timbuktu und Gao. Beide Orte waren als Endpunkte der transsaharischen Wege bedeutsam. Ihr politischer und kultureller Höhepunkt war mit den mittelalterlichen Reichen Mali und Songay erreicht. Der Islam, bis dahin nur die Religion nordafrikanischer Kaufleute und dunkelhäutiger Dyula-Händler, die die Kontrolle über den Gold- und Kolanußhandel ausübten, überzeugte zunehmend auch die politisch führende Schicht. Die Rechtsnormen, die im Koran festgelegt sind, vor allem auch die arabische Schriftsprache, erwiesen sich für Verwaltungsstrukturen und den Handel mit Nordafrika als vorteilhaft. Zwischen 1300 und 1600, der Blütezeit der Reiche Mali und Songay, bekennt sich die überwiegende Mehrzahl ihrer Herrscher bereits zum Islam. Von ihrer Staatsführung und Hofhaltung berichten Beobachter wie Ibn Battūta[8] oder Leo Africanus[9], auch vom Reichtum ihrer Städte. Ökonomische Basis waren der transsaharische und innerafrikanische Handel, wichtige Umschlagplätze Timbuktu mit seiner Orientierung nach Norden und Djenné nach Süden, letzterer ein Ort, »dessen Besuch jedem Nutzen bringt«, wie es eine lokale Chronik des 17. Jahrhunderts formuliert hat[10].

Ein bisher unbekannter Repräsentationsanspruch kennzeichnet den Moscheebau jener Jahre. Die zitierte Quelle weiß von einem Sakralbau, den Koy Komboro um 1200 in Djenné errichten ließ. Er hat die Jahrhunderte nicht überdauert, wohl aber die Freitagsmoschee von Timbuktu, die Mansa Musa, der bekannteste Herrscher des Mali-Reiches, hier aus Anlaß seiner Pilgerreise nach Mekka stiftete.

Wenn auch Umbauten und Erweiterungen die ursprüngliche Anlage von Timbuktu später verändert haben, so sehen wir wesentlich in ihrem Einzelminarett den Versuch, architektonischen Vorbildern aus dem Norden nachzueifern. Kairuan, Granada, Fès hatten das kubische Minarett syrisch-omayadischer Herkunft zu einem Turm mit klassischen Proportionen umgestaltet, der unverwechselbar bis heute den Moscheebau im Maghreb auszeichnet. Timbuktu verdankt seinen nordafrikanischen Charakter möglicherweise Es-Saheli, einem Poeten aus Granada, den Mansa Musa von seiner Mekka-Reise mitbrachte, um sich von ihm einen Palast bauen zu lassen[11].

Die Djingere-ber (= Große Moschee, Freitags- 8
moschee) von Timbuktu ist ein niedriger, erdverbundener, mit ca. 3000 Quadratmetern in der Fläche sehr ausgedehnter Bau. Die geringe Höhe des Betraums und das Fehlen dekorativer Elemente weisen ihn – ähnlich der Moschee von Bamba – der Steppe als Stilregion zu. Seine Außenmauern sind mächtig, verjüngen sich nach oben, wirken aber mit ihren wiederholten, unregelmäßigen Strebepfeilern insgesamt abweisend, festungsartig. Kubische Zinnen erinnern an Kairuan; am meisten aber imponiert die Masse

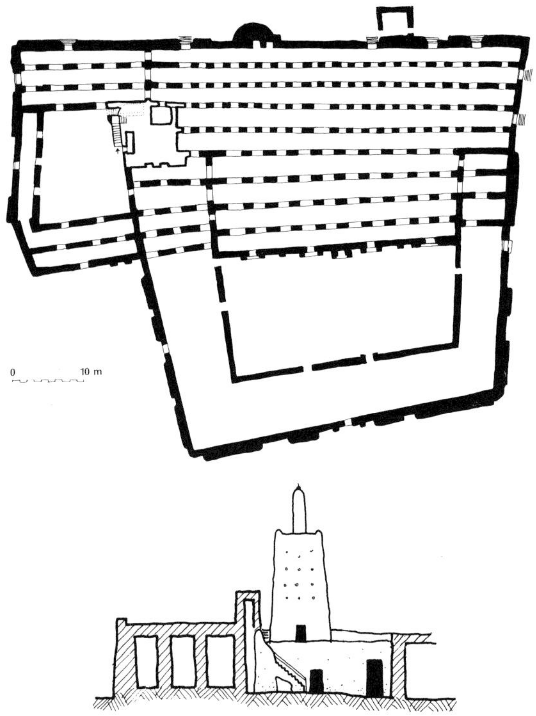


Ost-West-Schnitt in Nordhofachse

Abb. 2 Timbuktu, Djingere-ber

des Lehmbaus, der trotz seiner bröckelnden Außenhaut Jahrhunderte überdauert hat. Auch die Mekka-Fassade mit ihren beiden Zugängen wirkt nicht einladend. Dem kegelförmigen Turmgebilde in ihrer Mitte entsprechen im Inneren die Nischen von *miḥrāb* und *minbar.*

Die Predigtkanzel – *minbar*, in der Bedeutung von »Erhöhung« – war in Timbuktu bis zu ihrer Umgestaltung vor wenigen Jahren noch eine tiefe Nische. In ihr wurde ein Holzstuhl für den Vortrag der Freitagspredigt aufbewahrt. Es besteht kein Zweifel, daß diese Form des *minbar* ein ähnlich frühislamisches Baudetail ist wie die zum Dach führende Freitreppe. Mohammed benutzte bei seinen Ansprachen ein Holzgestell, eine Art Katheder mit einem Sitz. Muᶜāwiya, der erste Omayaden-Kalif, ließ es um einige Stufen erhöhen und nahm es als erstes tragbares Modell eines *minbar* auf seinen Reisen mit. Die Nische rechts neben dem *miḥrāb* war dazu bestimmt, das bewegliche Mobiliar aufzunehmen; ihre Tradition reicht somit weit in die Geschichte des Moscheebaus zurück[12] und hat sich außer im Westsudan sonst nur noch in Spanien und im Maghreb erhalten. Alle anderen Teile der moslemischen Welt haben sie im Laufe der Zeit vergessen. Das *minbar* entwickelte sich als feststehende Anlage aus Holz oder Stein weiter, die in den Betraum hineinragt und auf deren Ausarbeitung immer große Aufmerksamkeit verwendet wurde.

In der Region von Timbuktu ist die *minbar*-Nische betont tief, meist ist sogar noch eine hölzerne Sitzgelegenheit vorhanden. Im südlichen Mittelniger- 62
Gebiet ist die Nische flach, ein bis zwei Stufen führen zu ihr, manchmal auch – angedeutet – ein Geländer. Bei der Haussa-Moschee hat das *minbar* dagegen keinen selbständigen Charakter; es wird als flaches Podest rechts in die *miḥrāb*-Nische integriert.

Der markanteste Teil der Djingere-ber von Timbuktu ist das Minarett. Es ist ein vierkantiger Turm, der sich nach oben geringfügig verjüngt. Wohl in Erinnerung an die Laterne des nordafrikanischen Minaretts zeigt seine Plattform einen zentralen Lehmkegel, außerdem an den Ecken kleine Zinnen. Seine Stellung am Rand des Nordhofes läßt vermuten, daß dieser Teil der ursprüngliche Kern der Anlage ist[13]. Er dient heute den Frauen zum Gebet. Das Basisgeschoß des Minaretts ist nicht begehbar, wurde entweder früh zugeschüttet oder bereits massiv gemauert. Der Aufgang zur Turmspitze erfolgt deshalb über das Dach; es ist wie in Si nur über eine Freitreppe vom Hof aus zu erreichen. Welche Bedeutung dem Minarett als bautechnischer Leistung beigemessen wurde, ergibt sich aus sudanischen Chroniken, die seine Errichtung in der ersten Hälfte des 14. Jahrhunderts durch Mansa Musa ausdrücklich erwähnen, ebenso wie seinen Einsturz und Wiederaufbau im 16. Jahrhundert[14].

Noch zwei andere Moscheen in Timbuktu, die wenig jüngere Sankoré und die aus dem 15. Jahrhun- 51
dert stammende Sidi-Yahya, weisen sich durch ihr Minarett als Bauwerke derselben glanzvollen Epoche des Mali-Reiches aus. Mit einer Ausnahme, nämlich der von Toya, wurde das Minarett in der Region von Timbuktu sonst aber nicht wiederholt. Es wurde nicht stilbildend und blieb auf die Residenz des Fürsten beschränkt. Einen Turm mit dem Anspruch eines Minaretts finden wir erst in Gao wieder. Die Zeit hat seine ursprüngliche Form zu einer stumpfen Pyramide reduziert. Sie erinnert an Askia Mohammed I., den bedeutendsten Herrscher der Askia-Dynastie von Gao; die Tradition sieht in ihr sein Grabmal.

Das eindrucksvollste aller Lehm-Minarette südlich 3
der Sahara finden wir ohne Zweifel in Agadez. Mit 27 Metern Höhe überragt es nicht nur deutlich den ausgedehnt flächigen Betraum der Großen Moschee,

sondern beherrscht als Orientierungsmarke eine ganze Landschaft. Schon Heinrich Barth hat den Bau als imponierend beschrieben; er wirkt noch heute unvermindert nachhaltig auf den Reisenden. Hochaufgerichtet und schlank mit auffällig pyramidaler Zuspitzung, ist es im Grund ein Abbild der Minarette, die wir aus den M'Zab-Oasen in Algerien kennen. Der Unterschied liegt aber im Baumaterial Lehm, auch in der Gestaltung der Außenmauern, die in Agadez mit dem sogenannten *toron*-Gebälk geschmückt sind. Dies sind Äste, die in regelmäßigen Abständen aus den Wänden herausragen und als Charakteristikum des westafrikanischen Moscheebaus angesehen werden können.

Der stilistische Zusammenhang der Großen Moschee von Agadez mit den südalgerischen Oasen wird von der mündlichen Tradition bestätigt. Als Erbauer gilt Abu Zakarīya, ein Marabut aus dem Norden[15]. Er soll sie im 16. Jahrhundert errichtet haben, als Agadez noch Teil des Songay-Reiches war und ein enger Kontakt mit Gao bestand. Der Turmbau muß bereits damals als ungewöhnliche Leistung gegolten haben; die Schwierigkeiten bei seiner Errichtung wurden in mythischer Übertreibung weitererzählt. Reste gescheiterter Vorgängerbauten sind bis heute gut erhalten. Der letzte Turm wurde nach Heinrich Barth 1844 errichtet[16]. Er beschreibt ihn so, wie wir ihn heute kennen, lediglich die Innentreppe war Mitte des vergangenen Jahrhunderts noch nicht fertiggestellt.

Agadez nimmt nicht nur geographisch und historisch, sondern auch architektonisch eine vermittelnde Position zwischen der großen Stilprovinz Mittelniger in Mali und der des Zentralsudan in Süd-Niger bzw. in Nord-Nigeria ein. Der alte Teil – die Moschee wurde erst in jüngster Zeit durch zwei verhältnismäßig hohe Bethallen erweitert – zeigt die
56 niedrige Steppen-Bauweise des nördlichen Mittelniger-Gebietes, auch den kleinen kegel- bis tumulusartigen Turm über dem *miḥrāb*. Neu für den Innenraum ist jedoch die Sultansloge, die *maḳṣūra*, ein Bauteil, der westlich von Agadez unbekannt ist. Sie ist gemäß dem Bedarf einer jahrhundertelangen Feudalstruktur entstanden, die sich in den Haussa-Staaten über die Okkupation durch die Fulbe im 19. Jahrhundert, die politischen Umgestaltungen während der Kolonialzeit, selbst über die Reformen einer jüngsten Vergangenheit hinaus erhalten hat. Nach dem theokratischen Prinzip des Islam sind Moschee und Sultansgehöft unmittelbar benachbart; im ersten Schiff der Moschee neben der Mekka-Wand ist dem Sultan *(serki)* eine *maḳṣūra* als separater Raum abgegrenzt. Ähnliches sehen wir neben den älteren Architekturbeispielen von Agadez oder Zinder auch noch in Bauten der Gegenwart, so in Mirria oder Dosso.

Kehren wir noch einmal nach Bamba zurück. Hier begegnete im Frühjahr 1581 zum erstenmal ein nordafrikanisches Heer, das auf Befehl des saadischen Sultans die Sahara durchquert hatte, den Truppen der Songay von Gao. Der militärische Konflikt wurde schnell durch die Feuerwaffen der Angreifer entschieden. Für die westsudanischen Reiche besiegelte die Niederlage der Songay gleichzeitig eine ökonomische Entwicklung, die mit dem Verlust der saharischen Salzminen und der Erschließung der Seewege

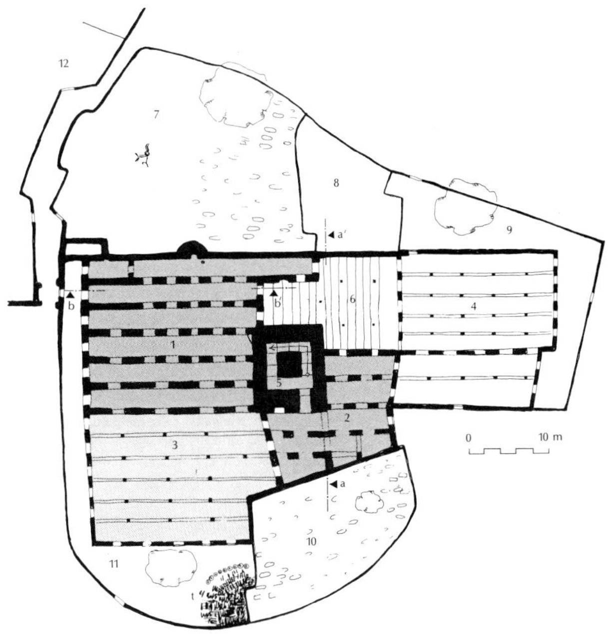


1 Hauptraum
2 Mittelraum
3 Westhalle
4 Südhalle
5 Minarett
6 Innenhof
7–11 eingefriedete Flächen
12 Palast
t Turmruine

alter Teil

neuer Teil

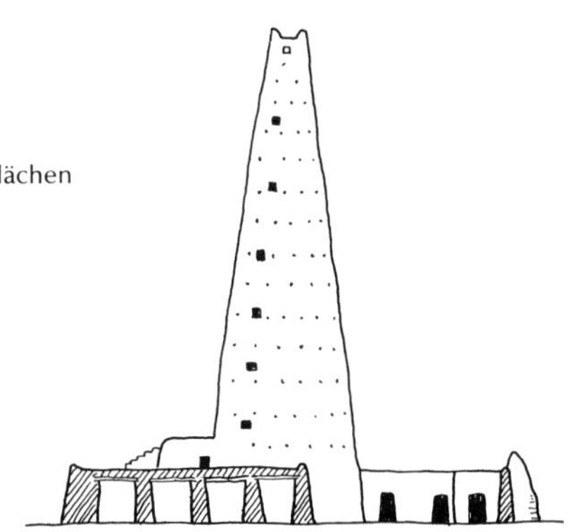

Ost-West-Schnitt in Hofachse

Abb. 3 Agadez, Freitagsmoschee

als neue Handelsroute schon lange vorgezeichnet war. Nachdem Europa seine Faktoreien entlang der Guinea-Küste installiert hatte, war der transsaharische Handel bedeutungslos geworden.

Die marokkanischen Eroberer blieben im Land und gingen in der Bevölkerung auf. Ihre Nachfahren, die Arma, bildeten in Timbuktu und Djenné eine Oberschicht, die sich bis heute in Kleidung und Hausbau Erinnerungen an ihre Herkunft bewahrt hat. Wenn auch in der Folgezeit der Landfriede durch Überfälle der Tuareg oder Mossi oft gestört war, die islamische Tradition in den urbanen Sahelzentren selbst wurde bis in die Gegenwart nicht unterbrochen. Sie blieb auch in den zahlreichen islamischen Enklaven entlang der Handelswege der Dyula erhalten. Sie waren bis weit in die Feuchtsavanne hinein errichtet worden, gerieten hier aber unter dem Druck erstarkender, nicht-islamischer Völker wie der Bambara von Ségou und Kaarta zunehmend in die Isolation. Ihre Moscheearchitektur verselbständigte sich und konservierte dabei frühe, autochthone Elemente, die schon am Beispiel Bamba erkennbar waren. Sie haben vom ursprünglichen Konzept des islamischen Sakralbaus zum Teil weit weggeführt.

## *Dougouba und Kong: Afrikanisches Erbe*

Dougouba, eine alte Marka-Gründung nördlich von Ségou, ist ein Dorf von Ackerbauern und Fischern. Gehöfte aus stark abgerundeten Flachdachbauten neben Rundhäusern mit Kegeldach zeugen von einem gleich starken Einfluß jung- und altsudanischer Traditionen. Es ist eine dichtbebaute Siedlung mit einheitlicher Gebäudehöhe. Ihre Dachflächen werden jedoch von zwei Bauwerken überragt, die als überdimensionierte, breitbasige Kegel imponieren. Es sind die Freitagsmoschee und eine kleine Dorfviertel-Moschee, deren Plastizität zunächst verwirrt. Sie passen in kein bekanntes Gebäudeschema, lassen aber schnell das Konzept einer »modellierten Architektur« erkennen, für die sie beispielhaft sind: Gerade Linien, harte Kanten werden vermieden; in schräg ansteigenden Fassaden sind einzelne Bauteile nicht mehr abgrenzbar, sie verschmelzen zu einem einheitlichen Körper. Dabei bilden sie eine Fülle spitzer Zinnen, die sich im Turm über dem *miḥrāb* bündeln und erst hier den Bau als großen, tumulusartigen Kegel vollenden. Die Freitagsmoschee hat kei-
11 nen Hof; der Westhof der Dorfviertel-Moschee ist nur von bescheidener Größe. Winzig sind die Innenräume, ein Geflecht kleiner Höhlen, in denen massige Stützelemente zudem die Orientierung erschweren. Prosternationen oder eine korrekte aufrechte Körperhaltung sind in diesen Räumen nur schwer möglich.

Als islamische Gebetsstätte ist Dougouba nur mit Vorbehalt anzusprechen. Der Kegel des *miḥrāb*-Turms erinnert an autochthone Kulte, an den phallischen Ahnenaltar im Gehöft des Savannenpflanzers, der in der gleichen Gegend heute noch auf traditionelle Weise Trank- und Speiseopfer darbringt, auch wenn er sich offiziell längst zum Islam bekennt. Dou-
gouba, ebenso Sébi im nördlichen Binnendelta oder 10
Kwara im Norden der Elfenbeinküste, sind afrikanisierte Moscheetypen mit einer alten Baugeschichte, die wie im Fall Kwara bis ins 17. Jahrhundert zurückreicht. Sie repräsentieren einen nur noch seltenen Bautypus. Viele dieser Bauten wurden während der militanten Re-Islamisierung durch Fulbe und Tukulör im 19. Jahrhundert zerstört; auch der Wiederbelebung moslemischen Gedankenguts in unserem Jahrhundert fielen sie zum Opfer. Zu Beginn der Kolonialzeit müssen solche afrikanisierten Moscheen, wie es Feldskizzen europäischer Forscher[17] beweisen, noch verhältnismäßig häufig gewesen sein. Bei stark zurückgenommenen Formen sind die Funktionseigenschaften dieses Moscheetyps auf ein Minimum reduziert: Eine tellurische Architektur, die
nachhaltig beeindruckt, aus der das ungeglättete 14

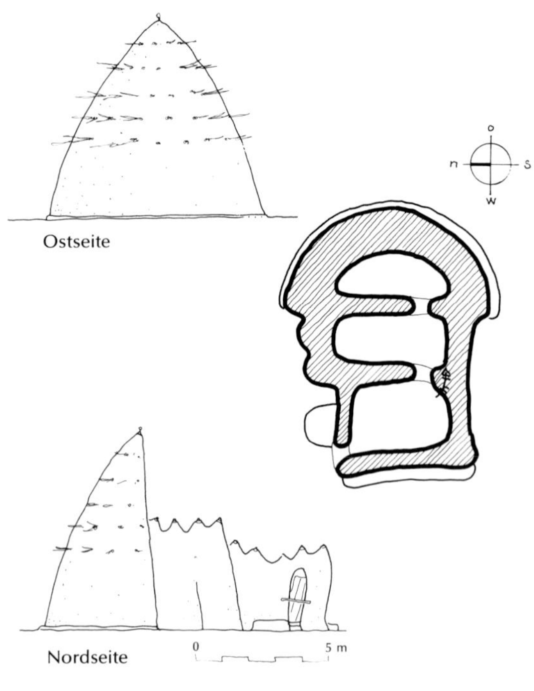


Abb. 4 Dougouba, Dorfviertel-Moschee

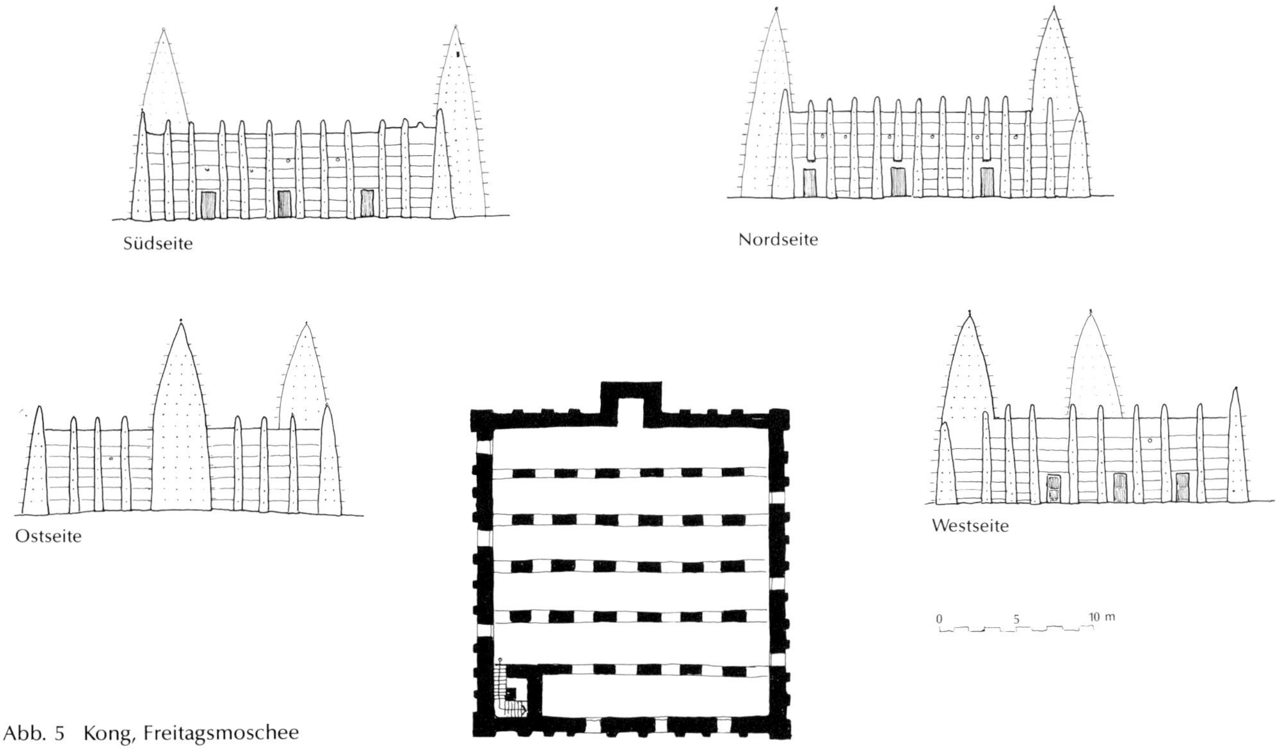


Abb. 5 Kong, Freitagsmoschee

*toron*-Gebälk zu wachsen scheint, allein um den Vögeln Nistplätze bieten zu können.

Dagegen steht die Moschee von Kong in der alten Dyula-Metropole der nordöstlichen Elfenbeinküste. Einst Zentrum für den Gold- und Kolanußhandel, ist der Ort heute von der wirtschaftlichen Entwicklung seines Landes übersehen, hierin seinen islamischen Schwesterstädten Timbuktu und Djenné vergleichbar.

Die Moschee wurde nach der Zerstörung eines ähnlichen Vorgängerbaus erst 1910 an gleicher Stelle neu errichtet. Der Baukörper besteht allein aus dem Betraum, ein Hof fehlt. Die Anlage dominieren zwei Türme von gestreckt-ungegliederter Pyramidenform; mit identischer Silhouette überragen sie deutlich das Dach. In der Mitte der Mekka-Fassade erhebt sich der *miḥrāb*-Turm über einem kubischen Basis-
12 geschoß. Der zweite Turm steht ihm schräg gegenüber in der nordwestlichen Gebäudeecke über einer Treppenanlage, die vom Betraum zum Dach führt; höher läßt sich der Turm nicht besteigen. Als Doppelturm-Moschee ist Kong ein unübersehbarer Architekturtyp und für viele andere Dyula-Siedlungen im Volta-Niger-Gebiet Vorbild geworden. Auffallend ist sein streng quadratischer Grundriß, mit dem der islamische Sakralbau oft dem Modell der Kaaba nachstrebt. Die mächtigen Außenmauern verjüngen sich nach oben und täuschen eine größere Höhe vor. Es scheint, daß die Vermeidung vertikaler Flächen ähnlich wie in Dougouba ein Charakteristikum des Dyula-Stils ist. Dieses gilt gleichermaßen für den pyramidenförmigen Turm, für die Eckpfeiler und Lisenen als Gliederungselemente der Fassaden. Die Lisenen überragen dabei erheblich in lang ausgezogenen Zinnen das Niveau der Dachterrasse. Besonders charakteristisch ist das *toron*-Gebälk, das hier 13
nicht nur als aus der Wand ragende Hölzer auf Turm, Pfeiler und Lisenen beschränkt ist, sondern auch horizontal zwischen die Lisenen, parallel zur Fassade verlegt ist und das Mauerwerk stabilisiert. Der optische Eindruck erinnert dabei entfernt an eine Sprossenwand.

Holz, bei der Moschee von Kong wie im gesamten Volta-Niger-Raum ein Baustoff, der das Aussehen der Lehmmauern wesentlich mitbestimmt, bewirkt einen groben, fast barrikadenhaften Gebäudecharakter. Der abweisende Eindruck wird durch die Geschlossenheit des Bauwerks unterstrichen, da größere Maueröffnungen, Fenster oder gar einladende Portale fehlen. Aus der Entfernung aber wirkt die gleichmäßig ruhige Gliederung der Wände mit ihrem horizontalen Muster harmonisch, der Kontrast zur Vertikalität der beiden Türme spannungsreich-ausgewogen.

Der Innenraum der Moschee ist niedriger, als es die Außenansicht erwarten läßt, die von einer hohen Dachbrüstung mitbestimmt wird. Die Stützen teilen den Betraum in fünf Schiffe parallel zur Mekka-Wand; sie sind massig und schränken die freie Fläche stark ein, ähnlich wie bei den Beispielen von Timbuktu. Das letzte Schiff, den Frauen vorbehalten, wird in seiner Länge durch den Treppenaufgang zum Dach verkürzt. Holz zeigt sich auch im Innenraum als wesentliches Material der unverputzten Raumdecken und als Quer- bzw. Längsbalken zwischen den Stützen; es dient der Verbesserung der Statik des Baus.

Kong ist neben Bobo-Dioulasso der Hauptvertreter des Volta-Niger-Stils, den wir besonders in Burkina Faso und Nord-Ghana, auch in der Elfenbeinküste noch finden. Es repräsentiert einen Moscheetyp, der im Gegensatz zu Dougouba Aufgaben erfüllt, die der Islam der Architektur gestellt hat, und der auch seinem spirituellen Charakter als Hochreligion entspricht; die rege Anteilnahme der Männer und Frauen am Freitagsgebet beweist es. An den Türmen, die *miḥrāb* und Treppenanlage gleichwertig betonen, lassen sich Merkmale des Minaretts nordafrikanischer Herkunft (Agadez) ebenso wie die sudanisierte *miḥrāb*-Pyramide (Dougouba) wiedererkennen, so daß Kong als eine Synthese beider Stile angesehen werden kann.

## *Bandiagara: Religiöse Erneuerung*

Verlief die Islamisierung südlich der Sahara jahrhundertelang friedlich, und erfaßte sie dabei die Mehrzahl der Ackerbauern auch nur wenig, so brach an der Wende vom 18. zum 19. Jahrhundert ein ethnischer Konflikt auf, der unter religiösen Vorzeichen ausgetragen wurde. Fulbe und Tukulör entdeckten islamisches Gedankengut als ein politisches Mittel, um die bestehenden Machtverhältnisse – kurz vor Beginn der Kolonialzeit – zu ihren Gunsten zu ändern. Im zentralen Sudan »einigte« Usman dan Fodio die bisher selbständigen Haussa-Staaten; Chroniken, die die Legitimation der alten Herrscher nachwiesen, wurden vernichtet, ihre Moscheen zerstört. Baureste aus der Prä-Fulbe-Zeit haben sich nur an wenigen Orten, wie z. B. in einem Minarett in Katsena oder Mirria erhalten. Im Westen rief der Marabut Amadu Bari die Fulbe des Macina zum Heiligen Krieg gegen

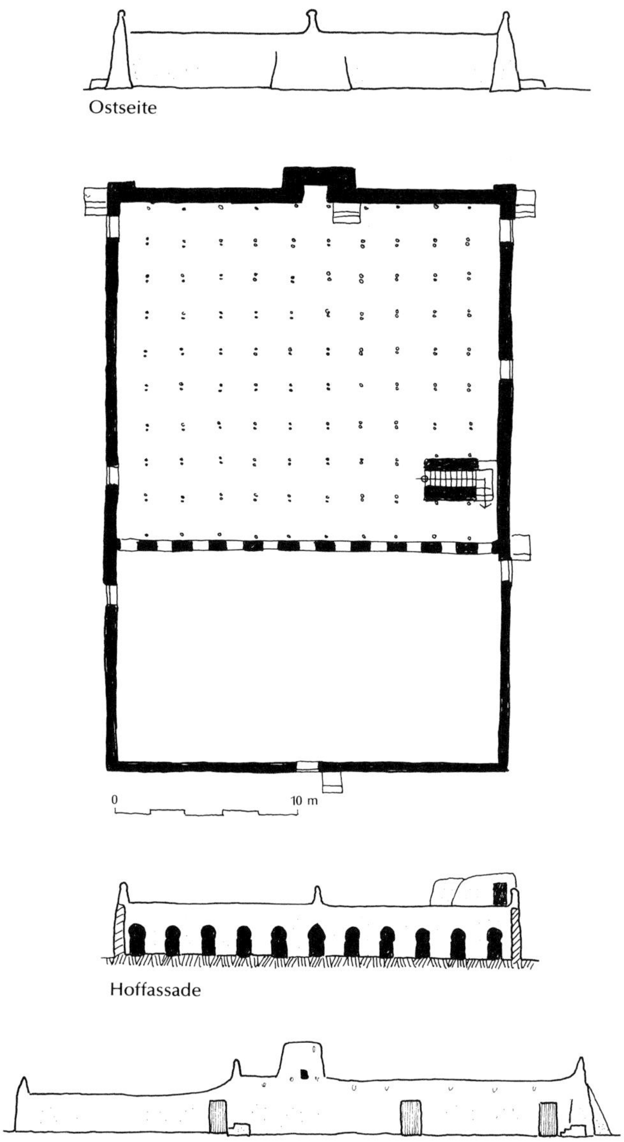


Abb. 6 Bandiagara, Omar-Moschee

die Königreiche der »ungläubigen« Bambara auf. Djenné und Timbuktu wurden in kurzer Zeit erobert. Dabei fiel die alte Moschee von Djenné, wahrscheinlich ein Bau der Marokkaner aus der Zeit ihrer Invasion um 1600, den Ereignissen zum Opfer. Die Moscheen von Timbuktu blieben erhalten, möglicherweise wegen der Strenge ihrer Architektur, die der spartanischen Lebensführung der Fulbe entsprach.

In einem theokratischen Gemeinwesen, in einer neu gegründeten »Gottesstadt« (Hamdallaye) nordöstlich von Djenné, entstand eine ausgedehnte Moschee, deren quadratischer Grundriß noch heute erhalten ist. Großflächige Bauten mit weiten Hofanlagen bestimmen die Sakralarchitektur jener Zeit, in der religiös motivierte Truppen zum Gebet antraten. Es müssen ähnliche sozio-politische Bedingungen gewesen sein wie unter den ersten arabischen Eroberern, als sie die Lagermoscheen von Basra und Kufa im Irak bauten. Bedeutete nicht auch am Anfang des Islam das rituelle Gebet eine Art Exerzierübung, und war es nicht ein probates Mittel der Disziplinierung?

Die Moschee von Bandiagara, kaum 50 Kilometer von Hamdallaye entfernt, befindet sich in einem guten Erhaltungszustand. Sie war 1862 von El Ḥādjdj Omar, einem Tukulör-Führer, der das Erbe von Sheḳū Amadu zerstört hatte, erbaut worden. Sie ist damit gut fünfzig Jahre älter als ein in der Nähe befindlicher Tukulör-Palast, von dem nur Teile der Südfassade überdauert haben. Die Moschee ist von außen
15 konsequent schmucklos und unauffällig, sie überragt die Nachbargebäude mit ihrer Treppenhaube. Selbst der *miḥrāb* zeichnet sich in der Mekka-Front bloß als flacher Vorsprung mit einer bescheidenen Lehmzinne ab. Der Betraum ist durch zehn Reihen von je zehn hölzernen Gabelstützen gegliedert, die in der Dunkelheit des flachen Raumes nur schwer erkennbar sind. Der Innenraum frühislamischer Lagermoscheen mag ähnlich ausgesehen haben; auch hier wurde das Dach allein von Holzstämmen getragen. Im vorletzten Schiff der Moschee von Bandiagara führt ein Treppenaufgang zum Dach. Er ist wie alle Treppen, die die Dachhaut durchbrechen, mit einer Haube gegen eindringendes Regenwasser geschützt. Niedrige Lehmsockel neben den Zugängen zum Betraum, sogenannte *adhān*-Podeste, dienen dem Muezzin zusätzlich als Rufpositionen. Nur die Fassade,
16 die dem Hof zugewendet ist, wird gestaltet. Sie öffnet sich in einer schönen, regelmäßigen Arkadenreihe, so daß Betraum und Hof nicht mehr streng getrennt erscheinen, sondern als eine große Fläche, die einer Vielzahl von Gläubigen das gemeinsame Gebet erlaubt.

## *Djenné: Modellhafte Synthese*

Der Streifzug durch die Baugeschichte der westsudanischen Moschee betraf bisher bevorzugt die Steppenregionen des subsaharischen Raums. Im Gegensatz zu seiner Bedeutung in der Vergangenheit ist dieses Gebiet für die jüngere Architekturentwicklung unergiebig. Sie wird jetzt bevorzugt im Binnendelta des Niger entschieden. Vitaler Gestaltungswille und eine vielfältige Formensprache erreichen in der Großen Moschee und der Stadtarchitektur von Djenné einen Höhepunkt.

Die geographischen Bedingungen des Binnendel- 2
tas entsprechen einer großen Flußoase und sind auf dem afrikanischen Kontinent nur noch mit dem Niltal vergleichbar. Ackerbau und Viehzucht finden unter Berücksichtigung der Breitenlage hier ungewöhnlich günstige Bedingungen. Auch der Fischreichtum des Niger hat das Gebiet für eine Vielzahl ethnischer Gruppen attraktiv gemacht, die sich für ihr Zusammenleben auf einzelne, einander ergänzende Wirtschaftsformen spezialisiert haben.

Die alluvialen Ablagerungen des Flusses erweisen sich als ideales Baumaterial; vor allem die Region von Djenné rühmt sich ihrer guten Lehmqualität. Hier findet sich hervorragender Töpferton, mit dem Frauen – wie meist in Afrika – ohne Drehscheibe und im offenen Feldbrand Hausrat herstellen. Die Wasserkrüge in den Moscheen sind dazu zu zählen, ferner Wasserspeier und Regenröhren, die sowohl im Haus- als auch Moscheebau Verwendung finden, außerdem eine Fülle phantasiereicher Keramikfor- 38
men, mit denen Lehmzinnen abgedeckt und vor Niederschlägen geschützt werden. Daß in dieser Region schon früh auf hohem Niveau getöpfert wurde, zeigen präislamische Terrakotta-Figuren, Funde aus den Tells des Überschwemmungsgebiets um Djenné, deren Bedeutung und historischer Kontext bisher noch ungeklärt sind[18]. Ihre überragende Schönheit und Ausdruckskraft sind nur mit den besten Beispielen afrikanischer Holz- und Metallarbeit vergleichbar.

Die Siedlungsgeschichte ist alt und reicht bis ins 3. Jahrhundert v. Chr. zurück, wie Ausgrabungen im nahen Djenné-Djeno ergeben haben[19]. Doch erst nach der Zerstörung der südsaharischen Zentren des Reiches Ghana im 11. bzw. 13. Jahrhundert gewinnt Djenné seine überregionale Bedeutung als Handelsplatz.

Djenné, ein Stadtensemble von großer Homogenität, liegt heute abseits der großen Verkehrswege an den Nebenarmen des Niger und Bani. Die Häuser drängen sich auf einer flachen Anhöhe, die von den periodischen Überschwemmungen ausgespart wird. Der beschränkte Raum, der zur Verfügung steht, hat hier wie an vielen anderen Orten des Binnendeltas zu einer zweistöckigen Bauweise geführt. Die Lage von Djenné im Gewirr von Wasserwegen hat seine wirtschaftliche Entwicklung gegenüber Mopti am Zusammenfluß von Niger und Bani benachteiligt; sein traditionelles Stadtbild blieb dadurch aber bewahrt.

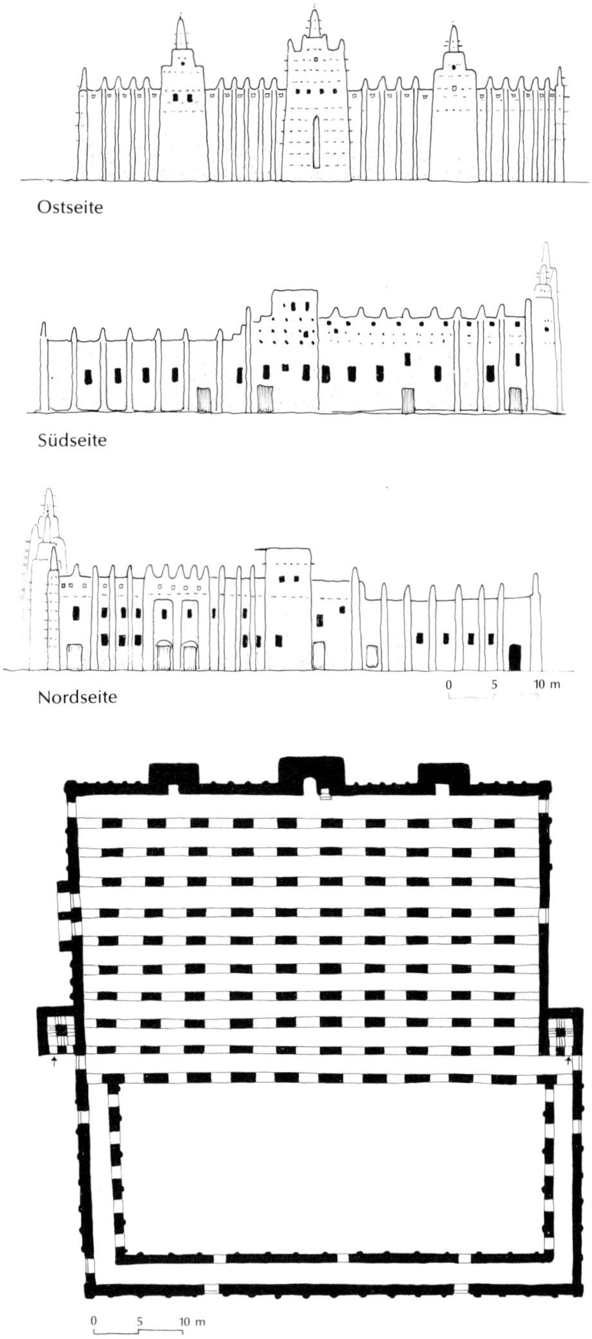


Abb. 7 Djenné, Freitagsmoschee

Zwischen September und Dezember wirkt der Ort aus der Entfernung wie eine befestigte Insel, die aus der überfluteten Senke herausragt. Unterschiedliche Ethnien und Handwerke gruppieren sich um Sakralbau und Markt, wie es auch für eine Stadt im mittelalterlichen Europa typisch war. Für eine afrikanische Siedlung sind jedoch die hohen Gebäude ungewöhnlich. Sie beschatten schmale Gassen und kleine Plätze mit der gleichen einladenden Geste, die der mediterrane Siedlungsraum kennt. Ihre Straßenfronten sind repräsentativ, die Eingänge im Mittelfeld werden portalartig von Halbpfeilern und Schmuckfriesen mit phallischen Symbolen gerahmt. Darüber findet sich im Obergeschoß ein Fenster, dessen Ajimez-Gitter seine maurische Herkunft erkennen läßt. Die Rahmung des Eingangs, manchmal mit einem Vordach, plastisch gerundeten Eckpfeilern, Zinnen über einer hohen Dachbrüstung und gebündeltem *toron*-Gebälk, zeigt Schmuckelemente, die man an der Moschee wiederfindet.

Die Große Moschee wurde zwischen 1905 und 1907 20
an der Stelle eines Vorgängerbaus errichtet. Er war gegen Ende des 19. Jahrhunderts irreparabel baufällig geworden, doch dokumentieren noch heute Postkartenansichten aus der frühen Kolonialzeit die imposante Anlage. Strebepfeiler gliedern die Außenfassaden in regelmäßigen Abständen; ein *miḥrāb*-Vorbau ist erkennbar. Beim Neubau, der über den Ruinen errichtet wurde, haben einige Beschreiber eine europäische Einflußnahme vermutet, ihn als »neugotisch« bezeichnet. Sicher ist nur, daß die Kolonialbehörden dem Bauvorhaben von Djenné ausgesprochen wohlwollend gegenüberstanden, ebenso wie es Jahrzehnte später noch einmal in San der Fall war. Politische Maxime jener Jahre war es, durch die einheimische (islamische) Oberschicht zu regieren (»indirect rule«) und deren hierarchische Ordnungsprinzipien in einer sonst überwiegend bäuerlich-agnatischen Gesellschaft zu stärken. Eine direkte Bauhilfe der Franzosen für Djenné, wie sie später die Freitagsmoschee von Goundam erfahren hat, konnten auch Recherchen in den Archiven von Dakar, Aix-en-Provence und Paris nicht beweisen. Die Große Moschee wurde von lokalen Bozo-Maurern erbaut. Ihr Stil war ein Novum, ihre Größe als Lehmbau unerhört, in diesem Jahrhundert einzigartig. Die Mekka-Front wurde als Turmfassade gestaltet und so zu einer typischen Schauseite aufgewertet. Erinnern wir uns: Bereits der afrikanisierte Dougouba-Typ gab der Ostseite, dem *miḥrāb*, eine Bedeutung, die im islamischen Sakralbau sonst unüblich ist. Zwar ist der *miḥrāb*-Turm von 19
Djenné nicht mehr tumulusförmig (Dougouba) oder von pyramidaler Gestalt (Kong), sondern wird jetzt in Stufen gegliedert. Zwei formal ähnliche, aber kleinere Türme flankieren ihn. Man kann annehmen, daß sich die Nebentürme aus einer Lisenengruppierung entwickelt haben, die wir am Vorgängerbau an

Ostseite

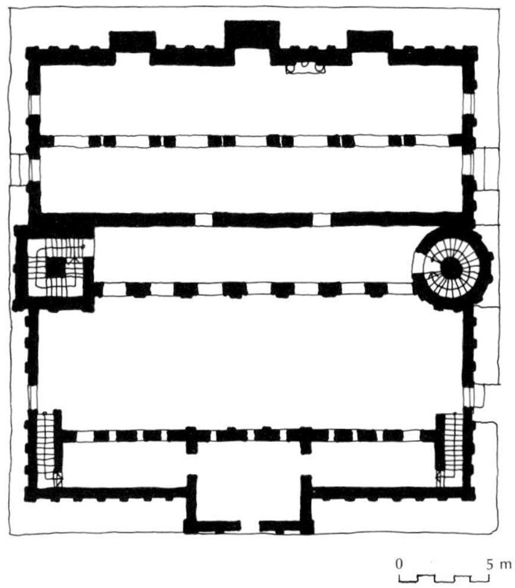

Hoffassade

Abb. 8 Koa, Freitagsmoschee

gleicher Stelle kennen. Sein Grundriß ist aus Rekonstruktionszeichnungen von 1897 bekannt[20]. Er wird beim Neubau im Prinzip wieder aufgenommen: ein relativ unregelmäßiges Quadrat, das sich der zehnschiffige Betraum heute mit einem Westhof teilt. Letzterer ist an drei Seiten von Galerien umgeben und eigentlich als Innenhof anzusehen. Da die Galerien niedriger als der Betraum sind, wird die innere Gliederung auch in der Außenansicht erkennbar.

Abgerundete Halbpfeiler, besser als »sudanische Lisenen« bezeichnet, geben dem Bau eine rhythmische Ordnung und betonen als vertikale Elemente die Höhe. Ihre Spitzen überragen die Dachbrüstung, den »Turban« des Gebäudes und bilden seine Zinnen. Kegelförmige bis phallische Lehmspitzen zieren selbst Türme und Eckpfeiler, aus der Entfernung eine verwirrende Vieltürmigkeit vortäuschend. Dubois[21] reagierte befremdet auf die überbordende Fülle der Formen. Wahrscheinlich kannte er die kleinen Landmoscheen im Stil von Dougouba nicht, sondern maß den Neubau Djenné an der Djingere-ber von Timbuktu bzw. an der Sheḳū-Amadu-Moschee von Djenné, die von den Djennénkes selbst bald durch einen Profanbau ersetzt werden sollte.

Die Portale zum Betraum an der Nord- bzw. Südfassade von Djenné sind im sudanischen Moscheebau ein neues Element. Sie haben ihr Vorbild im traditionellen Djenné-Haus, dessen vorkoloniale Herkunft außer Frage steht. Die repräsentativen Zugänge führen in einen Raum, der im Vergleich mit älteren Lehmbauten erstaunlich hoch ist. Die Pfeiler haben einen rechteckigen Querschnitt und sind parallel zur Mekka-Wand durch Spitzbögen verbunden. Drängt sich dem Betrachter in diesem Raum mit seinen ungewöhnlichen Proportionen und Formen auch der Verdacht von europäischen Einflüssen auf, so schmälert dies nicht im geringsten seine Bewunderung für eine überragende, letztlich auch originäre Architekturleistung Westafrikas.

Ebenso ist die Treppenanlage von Djenné einfalls-
21 reich neu gestaltet. Als Treppenturm wird sie vor die Fassade gestellt, fast mit dem Charakter eines Minaretts. Doch es fehlt ihr an Höhe, auch wird sie nicht als Ruf-Platz gebraucht. Der Muezzin stellt sich an verschiedenen Stellen des Daches auf, von wo er seinen Gesang in Richtung Mekka wiederholt.

Schmückendes Attribut der Fassaden und Türme ist ein regelmäßig verlegtes *toron*-Gebälk. Es sind sorgfältig behauene Palmholzscheite in Bündeln zusammengefaßt, ein bis zwei Reihen im oberen Mauerdrittel. Ihr Schattenmuster ergibt eine flüchtige Graphik, die sich mit dem Sonnenstand ändert. Vor allem zur Mittagszeit, wenn alle Konturen in einem diffusen Licht verschwinden, zeichnen lange, harte Schrägstriche ein kontrastreiches Dekor auf die Mauern.

Djenné integrierte den afrikanischen Formenschatz in vollkommener Weise; die traditionelle Lehmmoschee gewann mit dem repräsentativen Charakter eine neue Qualität dazu. Besonders die Gestaltung der Mekka-Fassade von Djenné hat in den nachfolgenden Jahrzehnten weitergewirkt und die Phantasie der Bauleute befruchtet. Im südlichen Binnendelta wurde Djenné stilbildend. Zahlreiche Moscheen wurden neu errichtet – ein Zeichen für die zunehmende Bedeutung, die der Islam schon unter

den christlichen Kolonialherren erreicht hatte. Dörfer, selbst einzelne Dorfviertel wetteifern untereinander beim Bau der schönsten Moschee. Oft werden es
24 dreitürmige Anlagen; manche kopieren das Vorbild Djenné sogar in ihren Treppentürmen, wie z. B. Koa. Ansonsten aber bleibt der Aufgang zum Dach als
49 Freitreppe im Hof unverändert oder wird überdacht. Letzteres ist nicht funktionell bedingt, denn sowohl Hof als auch Dach liegen jeweils wieder unter freiem Himmel. Architektonisch aber wirkt die Überdachung der Treppen in der Seitenansicht als ein kräftiger
44 Kontrapunkt zum *miḥrāb*-Turm. Die Abstufung vom hohen Turm im Osten über den niedrigeren Betraum zum Höcker der Treppenanlage, die schließlich zur flachen Hofmauer im Westen abfällt, läßt assoziierend das Bild einer »Dromedarsilhouette« zu: Sie ist charakteristisch für den Binnendelta-Stil. Selbst wenn die Treppe in Innenräumen, im Betraum oder der angrenzenden Galerie liegt, entsteht durch die Treppenhaube ein ähnlicher Eindruck.

Lisenen gliedern die Fassaden. Bei älteren Bauwerken sind sie noch gerundet und ähnlich plastisch wie in Djenné. Sie werden in den letzten Jahren zuneh-
29 mend kantenbetont und entsprechen eigentlich erst damit korrekt diesem Architekturbegriff. Ähnliches
26 gilt für die Türme. Bei jüngeren Beispielen ist die ursprünglich leicht pyramidale Verjüngung zugunsten einer exakten Vertikalität aufgegeben, damit aber auch der Reiz eines modellierten Bauteils.

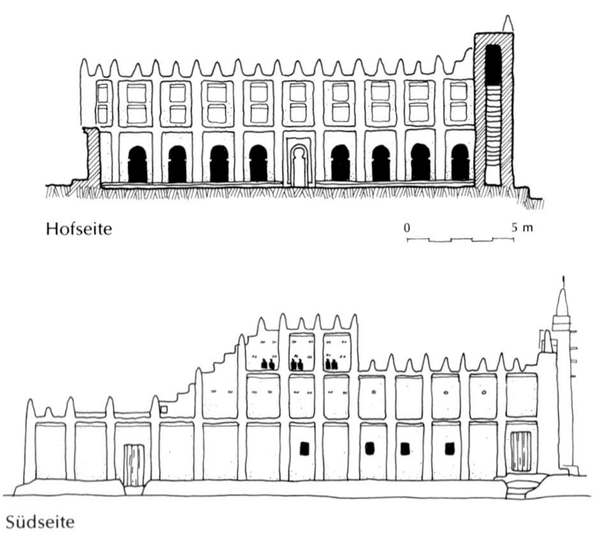


Abb. 9 Guindio-Saré, Freitagsmoschee

Zwar erreicht keine andere Moschee die eindrucksvolle Größe von Djenné, doch stehen ihr mittlerweile viele andere Beispiele an Sorgfalt der Ausführung, an Reichtum der Bauideen und in der harmonischen Gesamtgestaltung nicht nach. Der Hoffassade des Betraumes wird dabei auffällig mehr
Aufmerksamkeit gewidmet. Fortlaufende Arkaden- 46
reihen, formal aus dem islamisch-maurischen Hufeisenbogen entwickelt, sind dabei typisch und häufig anzutreffen. Eine von vielen Zugängen durchbrochene Hoffassade öffnet den Betraum weit, der durch kleine Fenster sonst nur mangelhaft ausgeleuchtet und belüftet wird. Der zentrale Zugang, der in der *miḥrāb*-Achse liegt, kann durch ein rahmendes Schmuckprofil herausgehoben oder überhaupt von
einem ornamentierten Hof-*miḥrāb* ersetzt werden. 55
In beiden Fällen betont die Mittelachse eindeutig die Symmetrie der Gesamtanlage.

In der Steppenlandschaft sind die Moscheehöfe weiträumig und leer, eigentlich nur eine Einfriedung, die sich im Westen an das Betraumgebäude anschließt. Im Binnendelta dagegen wird der Hof in den Gesamtkomplex einbezogen. Er ist von einer
hohen Mauer umgeben, die Zugänge sind z. T. portal- 42
artig gestaltet. Er wird völlig in die Anlage integriert, wenn ihn an allen Seiten Galerien umgeben und ihn dabei in einen Innenhof verwandeln. Hofgalerie und Betraum sind wie in Djenné von unterschiedlicher Höhe, bei jüngeren Bauten jedoch bemerkenswert oft einander angeglichen. In der Außenansicht des Gebäudes fehlt dann eine Abstufung; der Bau erhält eine hohe, kubische Gestalt, vom *miḥrāb*-Turm nur
wenig überragt: ein rein geometrischer Körper, hin- 30
ter dem die differenzierte Struktur der Moschee verborgen bleibt.

Ist der verfügbare Boden für die Moschee nur gering – und das ist im Überschwemmungsgebiet des Nigers häufig der Fall –, so reduziert sich auch die Fläche für den Hof, die er sich mit Betraum und Galerie teilen muß, auf ein Minimum. Der Hof wird zu
einem stimmungsvollen Atrium. Wasserkrüge und 45
Schöpfgefäße, für die rituelle Reinigung üblicherweise in einer Schattenecke des Hofes aufbewahrt, finden sich in solchen Moscheen dann in der Galerie wieder. Die Treppenanlage wird in eine der Westecken abgedrängt, falls sie sich nicht als Doppelanlage in die Nordwest- und Südwestecke der Grundfläche einfügen läßt. Ihre Hauben sind als kleine Türme ausgebildet: symmetrische Bauteile an der Westseite als relatives Gegengewicht zur Schauseite im Osten. Symmetrie charakterisiert auch die Seiten-

fassaden, in denen Portalrisalite in zentraler Stellung ähnlich wie der *miḥrāb*-Turm im Osten aus der Fassade hervortreten. Diese Anlagen mit einem zwar komplizierten, aber höchst interessanten Grundriß sind typisch für die Region des Kunari nördlich von Mopti. Sie sind zweifellos unter dem Eindruck der

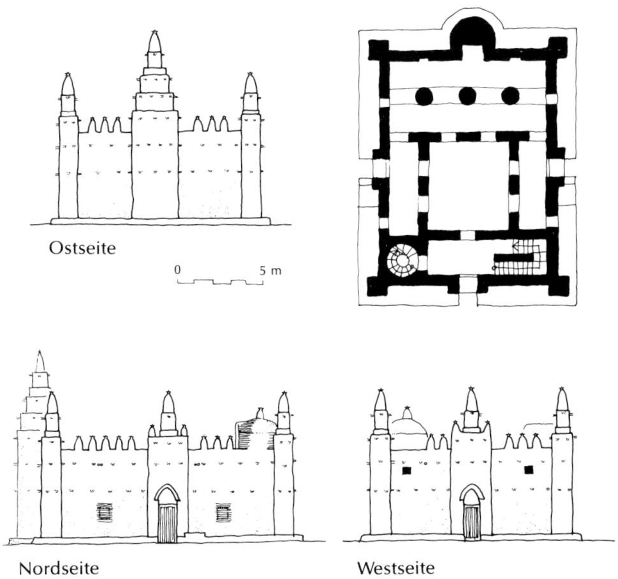


Abb. 10 Kamaka (Kunari), Freitagsmoschee

Großen Moschee von Mopti gebaut worden und können als besondere Variante von Djenné angesehen werden.

Mopti wurde fast drei Jahrzehnte nach Djenné errichtet, ebenfalls von Bozo-Maurern. Das vorgegebene Baugelände im Ortsteil Komoguel erwies sich für eine Ausrichtung der Moschee in der Mekka-Achse als ungeeignet. Allein der Kunstgriff, das unregelmäßige Grundstück insgesamt zum Hof zu erklären und das Betraumgebäude in vorgeschriebener Ausrichtung frei in den eingefriedeten Bereich zu plazieren, ermöglichte das Bauvorhaben.

23 Zwei identische Turmfassaden im Stil von Djenné
überragen die kubische Anlage der Moschee von
Mopti. Sie liegen an der Mekka-Front und an der ge-
genüberliegenden Westseite, hier mit zwei Eingän-
41 gen zu beiden Seiten des Mittelturms. Portale beherrschen eindrucksvoller noch als in Djenné die Nord- und Südseite. Es ist für Mopti charakteristisch, daß die einander gegenüberliegenden Fassaden genau übereinstimmen und jede Seite spiegelbildlich-symmetrisch zu ihrer Mittelachse gebaut ist. Die kleine Treppenhaube in der Nordwest-Ecke verschwindet hinter der Terrassenbrüstung und bleibt architektonisch unauffällig.

Die konsequente Anwendung des Symmetrieprinzips macht den Bau von Mopti zu einem der überzeugendsten Architekturbeispiele im Westsudan. Um so bedauerlicher ist es, daß Ende der siebziger Jahre im oberen Drittel des Bauwerks ein Verputz aus Zement aufgetragen wurde. Er schützt zwar Turm- und Zinnenspitzen, die durch Erosion am meisten gefährdet sind, zerstört aber gleichzeitig ein überzeugendes Ensemble aus fließender Form, tonigem Baustoff und erdigen Farben.

## *Koro: Ethnische Architektur*

Sowohl technische als auch ästhetisch-formale Kriterien des Hausbaus sind von der Moschee übernommen worden. In Bamba und Timbuktu war auf die Kargheit des Stils, in Si und Djenné auf den Reichtum plastischer Formen hingewiesen worden, die als Einzelkomponenten oder im Verband ganzer Fassadenteile aus der Profanarchitektur stammen. Die Portalfront des Djenné-Hauses mit ihrem vielfältigen Schmuckdetail ist älter als die Große Moschee im gleichen Ort; für die traditionelle Lehmmoschee im Westsudan war sie etwas unerhört Neues. Ob sich bei der Übernahme in ein Gebäude mit religiöser Funktion ihr ursprünglicher Sinn geändert hat – in der Savanne ist die Architektur voller Symbole und Metaphern –, ist eine offen diskutierte Frage.

In Koro interessiert eine Ethnie, die zur Jahrhundertwende noch als »entièrement animiste«[22] bezeichnet wurde, seither aber der Forschung als Archetyp einer autochthonen afrikanischen Kultur gilt: die Dogon. Ihr Siedlungsgebiet liegt östlich des Binnendeltas, auf dem Sandsteinplateau von Bandiagara mit seinem Steilabbruch zur sandigen Ebene von Gondo. Es sind Ackerbauern, die verschiedene Hirsearten kultivieren und jede Quelle, jeden Wasserlauf für ihre Gartenkulturen zu nutzen wissen. Ihre religiösen Vorstellungen werden von einer komplexen Kosmogonie, vom Glauben an Naturkräfte und die Macht der Ahnen geprägt; in abstrahierenden Schnitzarbeiten und temperamentvollen Maskentänzen findet ihre Ideenwelt einen überzeugenden Ausdruck. Mythische Bilder konkretisieren sich für den Dogon in Bauformen, in der Aufteilung seines Gehöftes oder in der Fassade des Sippenhauses mit ihrem Schachbrettmuster aus erhabenen und eingetieften Flächen: Nischen, die das System der Ahnen und ihrer Nachkommen symbolisieren.

An der Großen Moschee von Koro finden wir die
59 Fassade des Sippenhauses übernommen. Der Islam ist in der Gegend jung und hat sich erst spät mit den Fulbe und Tukulör ausgebreitet. Die Moschee wurde 1964 errichtet; sie orientiert sich an Stilprinzipien sowohl des Binnendeltas als auch der Volta-Niger-Region, die sie sehr originell abwandelt. Hochgezogene Lisenen und Eckpfeiler wiederholen kulissenartig
60 flach die Form des pyramidalen *miḥrāb*-Turms und täuschen eine Turmfassade ähnlich Mopti vor. Die gegenüberliegende Westseite ist ihr mit drei »Turmsilhouetten« ähnlich, erinnert aber auch stark an das Dogon-Haus; hier wie dort überzieht ein dichtes
61 Netz kleiner Wandnischen die Fassade. Die Westansicht ist damit eindrucksvoller als die Mekka-Seite: Ob sich die Ahnen dadurch versöhnen lassen? Den selbstbewußten Bau beeinträchtigt im übrigen kein Hof; er ist zwar vorhanden, seine niedrigen Mauern grenzen ihn aber eher beiläufig als bescheidenes Areal vor den Westeingängen ab. Die Nord- und Südseiten erinnern wieder an Djenné. Das *toron*-Gebälk besteht aus Rundhölzern und ist mit seinem Schnitzwerk im Moscheebau einmalig. Hier zeigen sich das besondere Interesse der Dogon für Holz und ihre überdurchschnittlichen Fähigkeiten in seiner Bearbeitung. Auch an einem islamischen Architekturbeispiel demonstrieren die Dogon überzeugend die unverbrauchte Kraft ihres afrikanischen Lebensgefühls.

## *Kouya: Technischer Wandel*

In Kouya, etwa 50 Kilometer südwestlich von Djenné, ersetzte im Frühjahr 1983 ein Neubau die alte Moschee. Er wurde in knapp drei Wochen errichtet; der Schutt des Vorgängerbaus verwandelte sich dabei in neuen Mörtel und neues Ziegelwerk. Einem Maurer mit fünf Mitarbeitern aus einem größeren Nachbarort war die Aufgabe übertragen worden; Handlangerarbeiten wurden als Gemeinschaftsleistung des Dorfes in langer Vorbereitung der eigentlichen Bauphase verrichtet: das Abstechen frischer Lehmerde, das Herankarren von Bauwasser, die Aufbereitung der Magerungsmittel, sowie das Formen der Ziegel. Die finanziellen Möglichkeiten waren diskutiert worden, der Lohn der Maurer, die Kosten für das Bauholz, das erworben werden mußte. Es ist vorwiegend Stamm-
58 holz der Borassus-Palme, das ganz oder geteilt für die Unterzüge der Dachkonstruktion gebraucht wird und den Plafond aus schwächeren Holzprofilen verschiedener Baum- und Straucharten trägt.

Kouya ist ein Bau aus luftgetrockneten Ziegeln. Sie gelten als das typische Baumaterial weit über das Mittelniger-Gebiet hinaus und charakterisieren den Maueraufbau jungsudanischer Gruppen. Diese unterscheiden sich damit von den altsudanischen Savannenbewohnern mit ihren verschiedenen Lehmmörteltechniken. Der Ziegel von Kouya ist kubisch und hat eine Kantenlänge von 40 : 20 : 10 Zentimetern. Er verdankt Form und Normung einem einfachen Holzrahmen. In diesen wird die vorbereitete Mörtelmasse ohne besondere Verdichtung gefüllt und mit der Hand glattgestrichen. Die Festigkeit des Ziegels hängt allein von der Qualität des verwendeten Lehms und der Art und Weise seiner Aufbereitung ab.

Mit seiner Rechteckform und in seiner Qualität ist der Lehmziegel sowohl im Sudan als auch in den ländlichen Gebieten nördlich der Sahara heute weit verbreitet, Süd-Marokko mit seiner Lehmstampfbauweise ausgenommen. In Schwarzafrika ist die kubische Form erst jüngeren Datums. In Djenné war der Ziegel bis zur Jahrhundertwende ausschließlich zylindrisch und wurde nur mit der Hand geformt. Bei den Haussa war es ähnlich, ihre Ziegel waren grobe Lehmballen. Sie sind in einzelnen Regionen noch im Gebrauch, während diese traditionelle Form im Binnendelta heute nicht mehr verwendet wird. Wegen ihrer Unebenheiten mußten die Lehmballen mit viel Mörtelmasse verbaut werden und erwiesen sich damit als unpraktisch. Der neue, genormte Ziegel erlaubt ein regelmäßiges Mauern in Läufer-, Binder- oder Blockverbänden; sie führen bei gleichzeitiger Verwendung von Maurerlot, Maurerschnur und Zollstock zu geraden Fluchtlinien, exakt senkrechten Mauern, auch zu einer geringen Wandstärke: Eigenschaften, die den zeitgenössischen Lehmbau in Westafrika kennzeichnen. Ein Vergleich der beiden Mo-
scheen von Djenné (1905) und Koa (1955), die im 19
Prinzip ähnlich konzipiert sind, zeigt die formale Wirkung dieser scheinbar unwesentlichen Ursache.
Die Lisenen von Koa sind flach und kantig, der Turm- 24
schaft gerade, der Bau insgesamt höher. Erst Wind und Regen vieler Jahre werden die Oberflächen abschleifen, neue Putzschichten Ecken und Profile ausgleichen, um zuletzt wieder das Bild einer modellierten Architektur entstehen zu lassen, das dem Menschen nur gemeinsam mit der Natur gelingt.

In Kouya wurde zehn Tage nach Baubeginn das Terrassendach fertiggestellt. Das *toron*-Gebälk, sehr

regelmäßig in mehreren Reihen verlegt, erwies sich dabei als ausgezeichnetes Baugerüst. Die Fensteröffnungen waren relativ groß, jedoch durch ein Ornamentgitter aus vorgefertigten Betonsteinen verschlossen. Es sind solche Fremdelemente, die wie
39 das Wellblech der neuen Eingangstüren den Charakter des Lehmbaus immer empfindlich stören. Fenster und Türen werden im Lauf von Renovierungsarbeiten oft ausgetauscht. Die Drehangeltür, deren Bretter mit geschmiedeten Nägeln oder mit Schnüren zusammengefügt sind, ist selten geworden, noch seltener die Türplatte, die mit einem Querriegel nach Art des Manschettenknopfes befestigt wird. Für Kouya hatte man in San Wellblechtüren zu einem niedrigeren Preis erworben, als Holztüren gekostet hätten. Khaya-Holz, aus dem sie in der Regel gearbeitet werden, wird wegen der hohen Anschaffungskosten heute fast nur noch im Bootsbau verwendet.

Auf andere Neuerungen mußte Kouya aus Kostengründen verzichten. Die Beimengung von Zement zur Putzmasse wird heute geschätzt, da dies die Empfindlichkeit gegenüber Wasser vermindert. Den fremden, glatten Oberflächeneffekt, die andere Farbigkeit hatten wir bereits in Mopti kennengelernt. Der Zementputz geht außerdem nur eine mangelhafte Verbindung mit dem Lehmmauerwerk ein und bröckelt bald ab. Obwohl er zum Versiegeln von Oberflächen damit auch technisch von zweifelhaftem Wert ist, wird Zement heute schon in entlegenen Gegenden verwendet.

In ihrer kubischen Grundform fehlt der Lehmmoschee in der Tat ein konstruktiver Witterungsschutz. Nur die Qualität des Lehmputzes, die durch organische Zusätze und langdauernde Faulprozesse verbessert wird, schützt das Mauerwerk. Wasserspeier aus Ton leiten die Regenmassen vom Dach, möglichst entfernt von der Außenwand, an der schon Spritzwasser Schäden verursacht. S̲h̲eḳū Amadu zerstörte die alte Moschee von Djenné im Lauf weniger Jahre, indem er ihre Wasserspeier verstopfen ließ[23].

Die Idee, Ziegel zu brennen, um sie gegen Wasser resistent zu machen, entstand nicht südlich der Sahara, obwohl die Töpferei hier sicher eine ebenso alte Tradition hat wie im mediterranen Nordafrika. Der gebrannte Ziegel blieb als Baumaterial bis zur Kolonialzeit unbekannt; er ist seither als Fassadenverkleidung am Niger häufig. In manchen Orten hat seine konsequente Verwendung bereits zu einer unafrikanischen Backsteinarchitektur geführt, die mit ihrem leuchtenden Ziegelrot in ungewohntem Kontrast zu den Erdfarben der traditionellen Bauten steht. Es waren zuerst Moscheen wie die von Goundam, Diré oder Dia und erst später Profangebäude, die mit einem kleinformatigen Flachziegel verfliest, oft sogar mit einem echten Mauervorsatz verblendet wurden. Da beim Ziegelbrand viel Holz verbraucht wird, verschärft ein technischer »Fortschritt« sicher die ohnehin schwierigen ökologischen Bedingungen einer äußerst baumarmen Landschaftszone. Als eine von vielen anthropogenen Ursachen trägt der gebrannte Ziegel deshalb zur Zerstörung der eigenen Umwelt bei.

## *Boré: Fremde Formen*

Zwischen dem Bandiagara-Plateau im Süden und der Seenplatte des Binnendeltas im Norden liegt Boré, eine alte Exklave des Bambara-Reiches von Ségou. Als typisch afrikanischer Hackbauer lebt der Bambara vorzugsweise vom Hirseanbau. Er kultiviert daneben Gemüse und züchtet Rinder, deren Betreuung er den Fulbe-Hirten überläßt. Wie alle Bambara hatten sich die Bewohner von Boré bis zu Beginn unseres Jahrhunderts der Islamisierung verschlossen gezeigt. Eine dem Ort entsprechende große Freitagsmoschee wurde erst 1932 vom Fama, dem Chef der Siedlung, erbaut. Seine Vorbilder waren Mansa Musa und Askia Mohammed; wie im Beispiel Timbuktu reifte der Entschluß für das Bauvorhaben während einer Mekka-Reise. Der Fama zeichnete unter dem Eindruck der Heiligen Stätten Baupläne, was im traditionellen afrikanischen Maurerhandwerk unbekannt ist. Hier tradiert sich die Erfahrung früh vom Vater auf den Sohn; die Bauvorstellungen werden allein aus dem Gedächtnis konkretisiert, bevor sie als Grundriß auf den Erdboden übertragen werden, modifiziert nur noch von den Gegebenheiten des Geländes. Der Boré-Fama mag zu seiner Zeit in gleicher Weise überzeugend gewirkt haben wie sein Nachfahre, als er uns die Geschichte 1981 erzählte.

Im Lauf eines Jahres, nur von der Regenzeit des Sommers unterbrochen, entstand ein beeindruckender Lehmbau mit vier Eckminaretten, eine eindeutige Reminiszenz an Medina. Zusammen mit dem unverzichtbaren *miḥrāb*-Turm, der die Höhe der Eckminarette erreicht, verbindet der Bau westsudanische mit arabischen Formvorstellungen. Der Betraum wird von schweren Rundpfeilern in fünf Schiffe geglie- 57
dert. Der Innenhof hat eine umlaufende Galerie, was in der Region häufig ist; in Boré ist ihr Westteil aller-

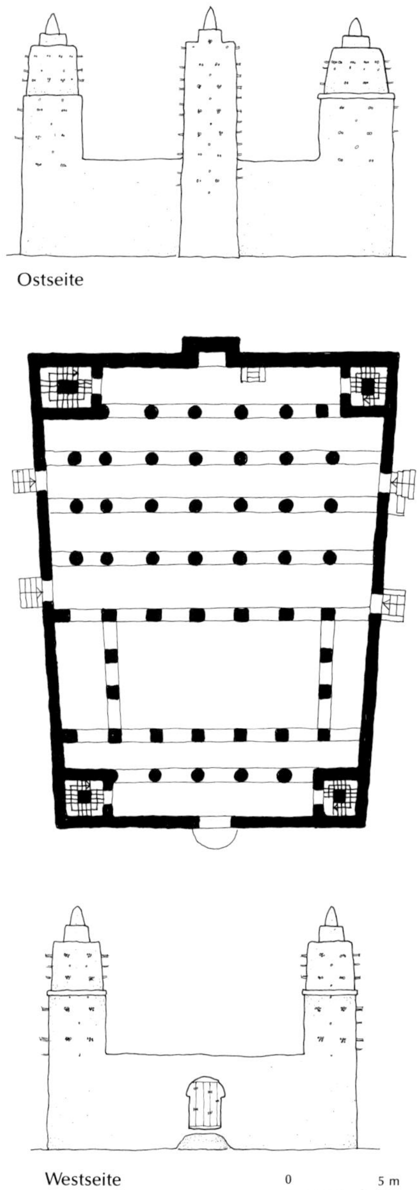


Abb. 11 Boré, Freitagsmoschee

dings zweischiffig. Rundpfeiler waren bisher hier unbekannt, im Haus- und Moscheebau nördlich von Mopti jedoch schon früher anzutreffen.

Die ungewohnten Bauideen haben selbst den erfahrenen Maurern von Djenné Schwierigkeiten bereitet. Die Türme wirken unproportioniert groß, sie lassen Unregelmäßigkeiten und Abweichungen im Grund-, auch im Aufriß erkennen. Für die Entwicklung der letzten Jahrzehnte hat Boré als wichtiges Beispiel zu gelten; selbst wenn der Bau keine direkte Nachahmung fand, kündigt er bereits in den dreißiger Jahren ein Interesse für fremde Bauideen an. Man orientiert sich nicht mehr am Maghreb wie in der Frühzeit des westsudanischen Moscheebaus, sondern zunehmend an der Architektur der islamischen Kernländer, der arabischen Halbinsel. Das schwindende Gefühl für eigene Bauformen ist sicher auch die Folge einer neuen Welterfahrung des Westafrikaners; als Massenpilger lernt er zumindest Mekka und Medina kennen. Als vieltürmige Moschee aus Lehm war Boré eine Ausnahme und blieb im Wesen noch ein traditioneller Bau. Die Mehrzahl der modernen Sakralanlagen wird aber schon aus Hohlblocksteinen und Zement errichtet; sie wetteifern auffällig mit der Zahl und Form ihrer Türme. Diese Beobachtung gilt heute in Mali ebenso wie in Burkina Faso, Niger und der Elfenbeinküste. Das alte Modell der Hofmoschee wird zugunsten einer Halle aufgegeben, die an den Ecken durch Minarette betont wird. Als westsudanisches Merkmal behält die moderne Moschee den Turm über dem *miḥrāb* zwar bei, ansonsten bestimmen eindeutig fremde Formelemente wie Kuppeln, Balkone, Ziergitter und eine bisher ungekannte Farbigkeit ihr Aussehen. Es gibt den Versuch, traditionelle Lehmbauten mit gleicher Grundrißeinteilung und ähnlichen Höhenverhältnissen in modernen Materialien nachzubauen. Aber die Übertragung in einen aktualisierten Formenkanon, der gleichzeitig die Identität der Architekturlandschaft Westsudan bewahrt, ist noch nicht geglückt. Die Übernahme fremder Baupläne, die in den Hauptstädten aller betroffenen Länder die Prestigeobjekte kennzeichnet, stimmt eher bedenklich. Diese Gebäude verraten eine gezielte Kulturpolitik islamischer Bruderstaaten: in Dakar die von Marokko, das dem Senegal einen Bau im Stil der al-Ḳarawiyyīn von Fès zum Geschenk gemacht hat; in Bamako die von Saudi-Arabien mit einer modernen Hallenkonstruktion und Nadelminaretten, während Libyen im benachbarten Niamey eine aufwendige Freitagsmoschee mit grünen Kuppeln und einem osmanischen Minarett errichten ließ. All diese Bauten räumen dem lokalen Formempfinden keine Chance mehr ein. Der »Pilotcharakter« dieser repräsentativen Anlagen und ihr Einfluß auf das zukünftige Bauen in Westafrika sind sicher nicht zu unterschätzen. Vielleicht bleiben einmal nur noch Bilder als Dokumente zurück, die durch fremde Schönheit überzeugen: Der sinnliche Eindruck, den die Lehmarchitektur mit ihren plastischen Oberflächen, ihrer weichen Farbe und dem Geruch der Erde vermittelt, wird dann vergessen sein.

## Anmerkungen

[1] *Ausführliche Diskussion der frühen schriftlichen Quellen – Al-Fazari (8. Jahrhundert), Ibn Hawkal (10. Jahrhundert), Ibn Battūta (14. Jahrhundert), Leo Africanus (16. Jahrhundert) – bei R. Mauny,* Tableau géographique de l'Ouest Africain au Moyen Age (Dakar 1961), 24–37.
Die Chroniken des Mittelniger-Gebietes wurden von einheimischen Korangelehrten im 16./17. Jahrhundert auf arabisch verfaßt. Sie betreffen die Ereignisse der Songay-Periode, kompilieren aber gleichzeitig auch das zeitgenössische Wissen über die Reiche Ghana und Mali. Es sind mit unterschiedlicher Bedeutung als historische Quelle der Tedzkiret-en-Nisian, der Tarikh el-Fettach und der Tarikh es-Soudan.

[2] Wichtige Arbeiten anderer Autoren über die westafrikanische Moscheearchitektur: *L. Prussin,* The architecture of Islam in West-Africa, African Arts/Arts d'Afrique 1,2 : 32–35/70–74 (1968); id., Sudanese architecture and the Manding, African Arts/Arts d'Afrique 3,4 : 12–19/64–67 (1970); *J. C. Moughtin,* The Friday Mosque of Zaria City, Savannah 1,2 : 143–163 (1972); id., Hausa Architecture (London 1985); *P. Stevens,* Aspects of Muslim architecture in the Dyula Region of the Western Sudan, Institute of African Studies, Ghana (Legon 1968).

[3] Zur Geschichte des Reiches Ghana: *J. S. Trimingham,* A History of Islam in West Africa (London, Glasgow, New York 1962); *N. Levtzion,* Ancient Ghana and Mali (London 1973); zur Archäologie: *P. Thomassey et R. Mauny,* Campagne de fouilles de 1950 à Koumbi Saleh (Ghana?), Bulletin IFAN B: 117–140 (1956).

[4] *El-Bekri,* Description de l'Afrique septentrionale par –, Trad. de l'arabe par M. G. de Slane (Paris 1858).

[5] *R. Mauny,* s. Anm. 1: 472–475.

[6] *D. Jacques-Meunié,* Cités anciennes de Mauretanie (Paris 1961).

[7] *J. Schacht,* Sur la diffusion des formes d'architecture musulmane à travers le Sahara. Travaux de l'Institut de Recherches Sahariennes 11 : 14f. (1954).

[8] *Ibn Battūta,* Voyages, Trad. de l'arabe par C. Defremery et B. R. Sanguetti, (Paris 1982) III: 412ff.

[9] *Jean-Léon l'Africain,* Description de l'Afrique tierce partie du monde ecrite par –, Trad. par Ch. Schefer (Paris 1898) III: 293.

[10] *Es-Sa^cdi,* Tarikh es-Soudan, Trad. de l'arabe par O. Houdas (Paris 1964), 23f.

[11] *Ibn Khaldoun,* Histoire des Berbères, Trad. de l'arabe par M. G. de Slane et P. Casanova, nouvelle édition, (Paris 1927) II: 113.

[12] *J. Schacht,* An unknown type of minbar and its historical significance, Ars Orientalis II: 149–173 (1957).

[13] Das Alter der einzelnen Bauteile der Djingere-ber ist bis heute ungeklärt; eine ausführliche Diskussion darüber findet sich bereits bei *R. Caillié,* Journal d'un voyage à Tembouctou et à Jenné dans l'Afrique Centrale (Bruxelles 1830) II: 73; *H. Barth,* Reisen und Entdeckungen in Nord- und Central-Afrika in den Jahren 1849–1855 (Gotha 1857–1858) IV: 487; *R. Mauny,* Notes d'archéologie sur Tombouctou, Bulletin IFAN 14 : 902.

[14] *M. Kati,* Tarikh el-Fettach, Trad. de l'arabe par O. Houdas et M. Delafosse (Paris 1913), 56, 91; *Es-Sa^cdi,* s. Anm. 10 : 177, 330.

[15] *A. Adamou,* Agadez et sa région. Contribution à l'étude du Sahel et du Sahara nigériens. Études nigériennes 44 (Paris 1979), 60.

[16] *H. Barth,* s. Anm. 13, I : 493.

[17] *L. Frobenius,* Das unbekannte Afrika (München 1923), Taf. 113.

[18] *B. De Grunne,* La statuaire en terre cuite du Delta Intérieur du Niger au Mali/Figürliche Terrakotten aus dem Gebiet des Niger-Binnendeltas in Mali (München 1982).

[19] *R. J. and S. K. McIntosh,* Prehistoric investigations at Jenne, Mali, B. A. R. International Series, n° 89 (Cambridge 1980).

[20] *F. Dubois,* Tombouctou la Mystérieuse (Paris 1897), 163ff.

[21] id., 186ff.

[22] *L. Desplanges,* Le Plateau central nigérien: Une mission archéologique et ethnographique au Soudan Français (Paris 1907), 282.

[23] *J.-L. Bourgeois,* The History of the Great Mosque of Djenné, African Arts/Arts d'Afrique 20,3 : 55.

Die Verfasserin publizierte zum Thema: Afrikanische Architektur – handmodelliert, Frankfurter Allgemeine Zeitung, Frankfurt, Nr. 191/1976; Der traditionelle Moscheebau am Mittleren Niger, Bemerkungen zur historischen und aktuellen Entwicklung, Paideuma 23 : 101–140 (1977); Der traditionelle Lehmbau und seine Problematik, Entwicklungstendenzen am Mittleren Niger (Mali), Paideuma 27 : 47–62 (1981); Tradition und Akkulturation, Afrikanische Lehmarchitektur aus ethno-historischer Sicht, in GATE (Hrsg.), Lehmarchitektur, Rückblick – Ausblick (1982), 8–16; Lehmarchitektur am Niger. Sakrale und profane Großbauten, swissair-Gazette 11 : 26–34 (1986); Islamische Tradition oder autochthones Erbe? Anmerkungen zum Moscheeturm in Westafrika, Paideuma 35 : 93–113 (1989); Die Lehmmoschee am Niger, Dokumentation eines traditionellen Bautyps (Wiesbaden 1990; im Druck); Das Jugendhaus im Niger-Binnendelta (in Vorbereitung).
Bauaufnahme und Architekturzeichnungen: Verfasserin; Überarbeitung der Abb. 2, 7–10 von Dipl.-Ing. Susanne Witan, Offenbach a. M.
Fotografie: Dr. Werner Gruner, Kronberg i. Ts.; Fotos 2, 8, 30, 48 von Dott. Eva Gruner, Florenz.
Fotolabor: Hannelore Kunkel, Frobenius-Institut Frankfurt a. M.

## Tafeln

1 In der jungsudanischen Kulturlandschaft ist die Moschee der charakteristische Großbau (Siné/Mali).

2 Der natürliche Reichtum einer Flußlandschaft begünstigte im Niger-Binnendelta die Architekturentwicklung (Koumaïra/Mali).

3 Das Minarett von Agadez/Niger ist mit 27 m der höchste Lehmbau südlich der Sahara. Er ist das Wahrzeichen einer ganzen Landschaft (Freitagsmoschee von SW).

4 Ein Turm über dem *miḥrāb* kennzeichnet den traditionellen Moscheebau in Westafrika (Si/Mali, Dorfviertel-Moschee von SO).

5 Die Aufteilung in Betgebäude und umfriedeten Hof ist ein Grundprinzip islamischer Sakralarchitektur (Si/Mali, Dorfviertel-Moschee von SW).

6 Die Außenmauern werden von Lisenen gegliedert. Sie sind oft ihr einziger Schmuck (Mopti-Taïkiri/Mali, O-Seite).

7 Ein Minarett nach nordafrikanischem Vorbild ist in Schwarzafrika nur an den Endpunkten transsaharischer Karawanenwege bekannt (Agadez/Niger, Hassina-Moschee).

8 Die imposante Anlage der Djingere-ber, deren Geschichte bis 1325 zurückreicht, läßt noch heute den Machtanspruch ihrer Erbauer erkennen (Timbuktu/Mali, Freitagsmoschee von SO).

9 Das karge Gräberfeld vor der Mekka-Wand der Askia-Moschee erinnert an die Vergänglichkeit der Generationen, die den Bau seit fast 500 Jahren immer wieder erneuert haben (Gao/Mali).

10 Die Tumulusform ist chthonisch-afrikanisches Erbe: Die Moschee von Sébi/Mali zitiert deutlich den Ahnenaltar im Gehöft des Savannenbauers (Mekka-Wand).

11 Modellierte Formen kennzeichnen die älteren Bauwerke des afrikanisierten Stils (Dougouba/Mali, Dorfviertel-Moschee von SW).

12 Der Dyula-Stil bevorzugt den geschlossenen Baukörper auf einem freien Platz, der den Hof ersetzt (Kong/Elfenbeinküste, Freitagsmoschee von W).

13 Sprossen stabilisieren die Außenwände; sie werden auch als Baugerüst genutzt (Kong/Elfenbeinküste, Dorfviertel-Moschee).

14 Das grobe *toron*-Gebälk unterstreicht den tellurischen Charakter des älteren Moscheetyps (Dougouba/Mali, Detail des *miḥrāb*-Turms an der Freitagsmoschee).

15 Die religiöse Erneuerung im 19. Jahrhundert baut flach, weiträumig und in asketischer Strenge (Bandiagara/Mali, Omar-Moschee von SW).

16 Offene Arkaden verbinden den überdachten Bauteil mit dem Hof zu einer durchgehenden Fläche; sie wird beim Freitagsgebet gebraucht (Bandiagara/Mali, Omar-Moschee).

17 Im Schatten der Moschee werden religiöse und soziale Belange diskutiert, wie hier zwischen Imam und Ḳadi (Méana/Niger, Hoffassade der Freitagsmoschee).

18 Die Schiffe des Betraums sind parallel zur Mekka-Wand angeordnet (Méana/Niger, Innenraum der Freitagsmoschee).

19 Die Mekka-Front der bedeutenden Moscheen im Niger-Binnendelta wird als Turmfassade, damit als typische Schauseite gestaltet (Djenné/Mali, *miḥrāb*-Turm ).

20 Die Freitagsmoschee von Djenné ist mit 3200 $m^2$ Grundfläche das größte Lehmbauwerk unseres Jahrhunderts; sie wurde 1905 bis 1907 erbaut (Ansicht von NO).

21 Das Podium von Djenné und seine breiten Treppenaufgänge sind Ausnahmen. Sie unterstreichen bei der Freitagsmoschee noch ihre ungewöhnlichen Baumaße (Ansicht von SO).

22 Der mächtige Sockel verbirgt den Schutt von Vorgängerbauten seit dem 14. Jahrhundert (Djenné/Mali, SW-Ecke der Freitagsmoschee).

23 Das Symmetrieprinzip von Mopti gestaltet gegenüberliegende Fassaden fast gleichartig (Freitagsmoschee, W-Seite, Zustand 1976).

24 Vertikalität, harte Kanten und eine überdurchschnittliche Höhe bestimmen den Moscheebau der letzten Jahrzehnte (Koa/Mali, Freitagsmoschee von SO).

25 Die Turmfassade von Téné/Mali bevorzugt eindeutig die Plastizität gegenüber dem dekorativen Element (Freitagsmoschee, O-Seite).

26 Selbst bei reduzierter Schaufassade bleibt das Vorbild Djenné in den meisten Baudetails erkennbar (Somadougou/Mali, Freitagsmoschee von NO).

27 Wie kein anderes Material erlaubt der Lehm eine weiche, fließende Gestaltung der Oberflächen (Sangha/Mali, S-Seite).

28 Überbordende Freude am Detail kennzeichnet oft kleine Moscheen. In Say/Mali gefallen besonders die Portale und die Treppenanlage zum Dach (Ansicht von SW).

29 Lisenen, unterbrochen von mehreren Reihen aus gebündeltem *toron*-Gebälk, gliedern die Fassaden (Sansé/Mali, S-Seite).

30 Die Vielzahl der Lisenen und die symmetrische Anlage von Portalrisaliten führen zu einer starken Gliederung der Außenfassaden (Sirétaga/Mali, Ansicht von SO).

31 Die lang ausgezogenen Spitzen über den Eckpfeilern und den Portalrisaliten täuschen eine Vieltürmigkeit vor (Sirétaga/Mali, Ansicht von SW).

32 Über Dachhöhe erhebt sich der *miḥrāb*-Turm in mehreren Stufen. Der Außenputz bewahrt als Dekor noch lange die glättende Handbewegung des Maurers (Zinzana/Mali, Ansicht von S).

33 Die reiche Ausgestaltung des *miḥrāb*-Turms kontrastiert oft mit der Schmucklosigkeit des übrigen Baukörpers (Ké-Macina, Ansicht von SO).

34 Im Niger-Binnendelta überragt der *miḥrāb*-Turm die Brüstung der Dachterrasse nur wenig (Say/Mali, Dachansicht).

35 Öffnungen in der Rückseite des *miḥrāb*-Turms führen zu kleinen Hohlräumen ohne Funktion. (Ké-Macina, Turmdetail von SW).

36 Das Podest für den Gebetsrufer wird in San/Mali von hohen Lehmkegeln flankiert (Freitagsmoschee, S-Seite).

37 Regenfallrohre aus Keramik sind im sudanischen Lehmbau neueren Datums; sie werden jedoch perfekt in die traditionelle Fassade integriert (San/Mali, Freitagsmoschee).

38 Der Hofzugang markiert die Achse der Moschee. Keramische Aufsätze an den Zinnen, die z. T. Straußeneier tragen, sind in Matomou/Mali der einzige Schmuck (Ansicht von W).

39 Die Hofmauern nehmen die Fassadengliederung des überdachten Gebäudeteils auf und setzen sie als einheitliches Gestaltungsprinzip fort (Aka/Mali, Ansicht von W).

40 Die offensichtlich anthropomorphe Gestaltung von Portalen findet ihre Bestätigung in der lokalen Bezeichnung als Mund (Say/Mali, W-Portal).

41 Mächtige Tore führen den Beter in die Freitagsmoschee von Mopti (W-Tor).

42 Schon vor Betreten des Hofes werden in Westafrika die Schuhe abgelegt (Téné/Mali, südliches Hofportal).

43 In unmittelbarer Nähe des Einganges, der in Gania/Mali als Torvorbau beeindruckt, findet sich meist ein Podest für den Gebetsrufer (W-Tor, Ansicht von S).

44 Der »Höcker« einer überdachten Treppe an der Seitenfassade wirkt als Gegengewicht zum *miḥrāb*-Turm im Osten (Waki/Mali, Ansicht von NO).

45 Hohe umlaufende Galerien integrieren den Hof vollständig in den Baukörper und verwandeln ihn in eine Atrium-Anlage (Komio/Mali, Ansicht vom südlichen Galeriedach).

46 Dekorative Hoffassaden und mächtige Treppenhäuser kennzeichnen den Moscheebau am Débo-See (Bia/Mali).

47 Die Treppe zum Dach entwickelt sich neben dem *miḥrāb*-Turm zum entscheidenden Bauteil. Besonders die überdachten Formen dominieren jede Hoffassade (Waki/Mali).

48 Der Wasservorrat für die rituelle Reinigung wird in Tonkrügen aufbewahrt (Saraféré/Mali, Moschee der Songay, Treppenanlage im Hof).

49 Die Treppe, die vom Hof zum Dach führt, ist oft mehrläufig und wird mit viel Sorgfalt gestaltet (Say/Mali).

50 Ein eigener Gebäudeteil für die Wassergefäße ist selten. Mit dem formal ähnlichen Treppenhaus flankiert er in Sa/Mali die Hoffassade (Moschee der Fulbe).

51 Im Minarett demonstrieren die historischen Moscheen von Timbuktu ihre Herkunft aus dem mediterranen Norden (Sankoré-Moschee, Ansicht vom Hof).

52 Sand, Lehm, Holz und Flechtwerk: Trotz materieller Armut überzeugt diese Moschee der Songay durch die vollkommene Ausgewogenheit ihrer Form (Danga/Mali, Ansicht von W).

53 Vom Moscheedach verliert sich der Blick in die Weite der Sahel-Landschaft, die hier vom Niger geprägt wird (Djiantakaye/Mali).

54 Der Treppenaufgang zum Dach ist in der Regel dem Muezzin vorbehalten (Djiantakaye/Mali).

55 Blick durch die West-Galerie auf den *miḥrāb* des Hofes: Neben Spitzbögen kommen Rundbögen vor, die dem maurischen Hufeisenbogen nachempfunden sind (Sinngo/Mali).

56 Wuchtige Stützen tragen die Last des Daches und gliedern den Innenraum, der hier einen Farbauftrag erkennen läßt (Agadez/Niger, Freitagsmoschee).

57 Das Dunkel des Betraums, seine Ruhe und seine relative Kühle machen den Aufenthalt in ihm angenehm (Boré/Mali, Freitagsmoschee).

58 Der Innenraum, sogar der *miḥrāb*, die Gebetsnische des Imam, sind meistens schmucklos (Timbuktu/Mali, Sankoré).

59 Die Freitagsmoschee von Koro/Mali zeigt in dem Netz ihrer Wandnischen das typische Merkmal des Dogon-Hauses (Ansicht von NW).

60 Mit einer pyramidalen Turmform wie in Kong und einer Turmfassade ähnlich Djenné vermittelt Koro zwischen südlichen und nördlichen Stilregionen (Freitagsmoschee von NO).

61 In der filigranen Gestaltung der Mauern erweisen sich die Dogon als Meister der Lehmbaukunst (Koro/Mali, Detail der W-Seite).

62 Im Vergleich mit den Außenfassaden ist der Bauschmuck in den Innenräumen selten, formal auch stark reduziert (Dia/Mali, Schmuck-*minbar* in der Mekka-Wand).

63 Die Dachterrasse wird – wie in der Frühzeit des Islam – vom Muezzin als »Rufwarte« genutzt (Tendirma/Mali, Freitagsmoschee von SO).

64 Mittagsgebet in der Moschee der Bambara von Sa/Mali.

2

◁ 1

3

4
5

6 ▷

8

◁ 7

9

10

11

12

13

14 ▷

15

16

17

19 ▷

18

◁◁ 20
◁ 21

22

23

24

25

26

27

30

31

32

33

34

35

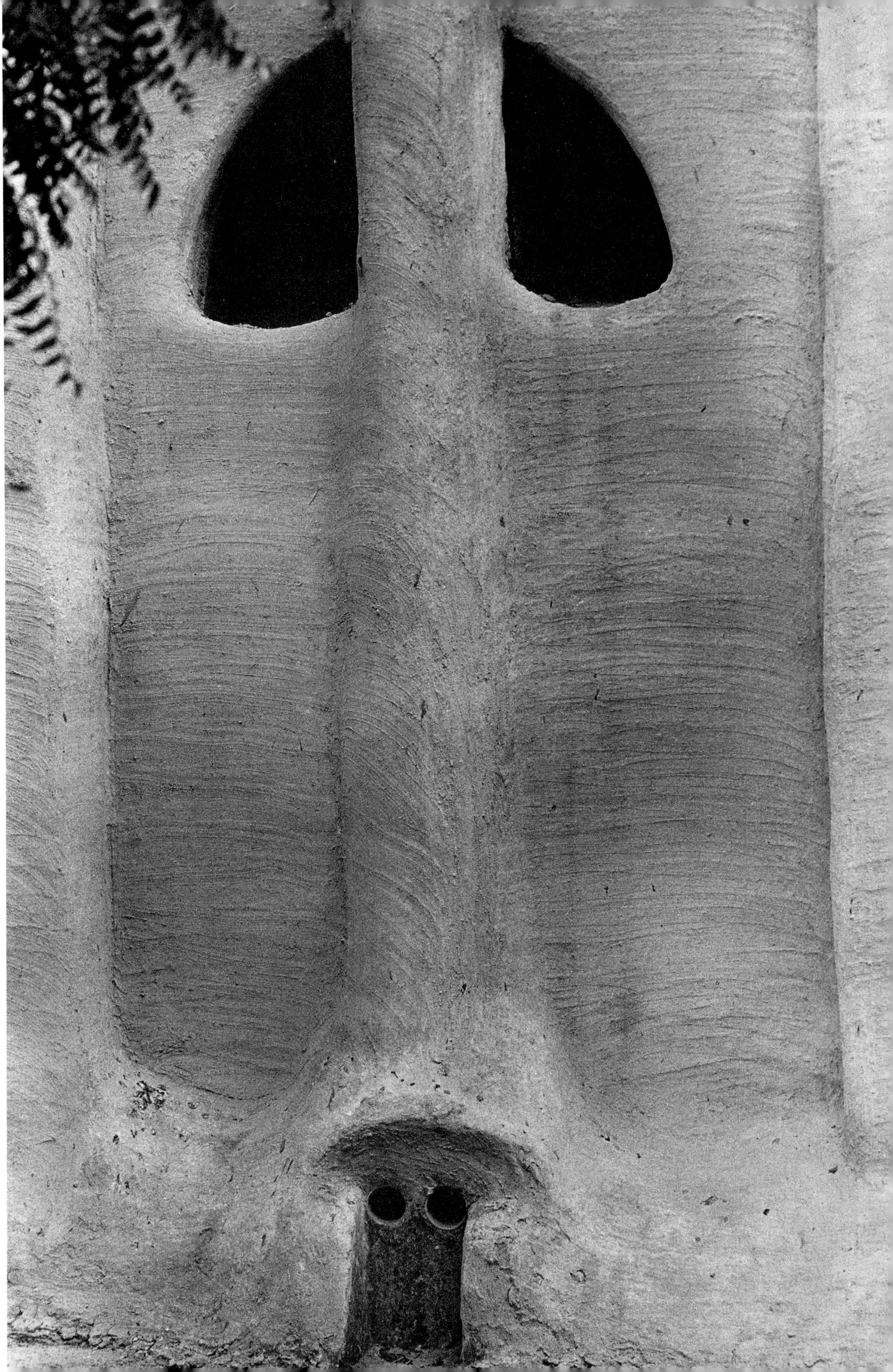

37

39

40, 41 ▷

◁ 42, 43　44
45

46

47

49

50

51

52 ▷

53

54

56

57

59
60

61

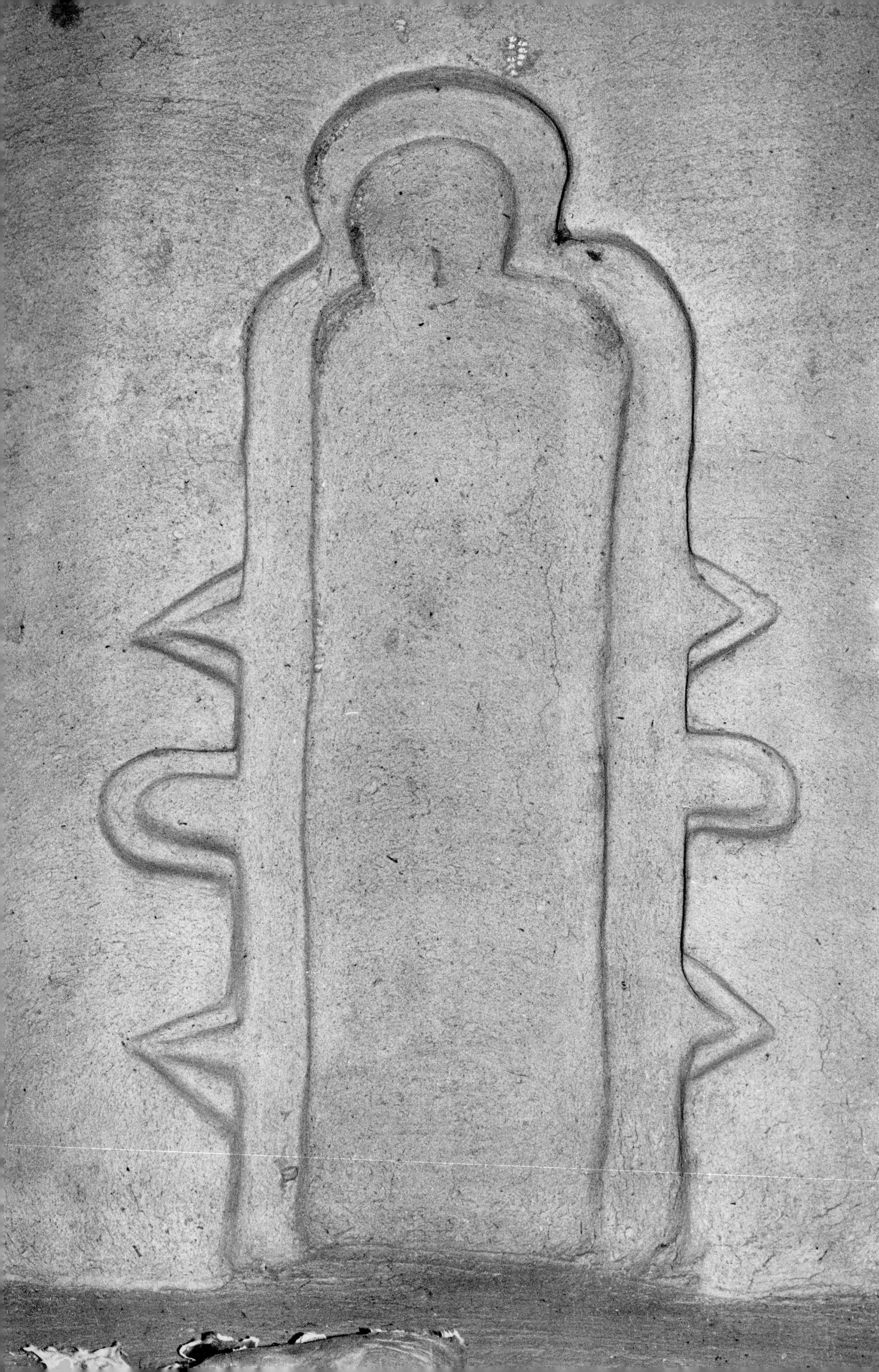

# TRADITIONELLE ARCHITEKTUR IN NORDAFRIKA

Karl Heinz Striedter

Bis in historische Zeiten hinein war das gesamte nördliche Afrika einschließlich des größten Teils der Sahara fast ausschließlich von Berbern bewohnt, deren Genese sich bis in vorgeschichtliche Zeiten zurückverfolgen läßt. Vom 8. vorchristlichen Jahrtausend an, d. h. bereits zu Zeiten des ausklingenden Jungpaläolithikums, drangen aus dem Vorderen Orient mediterrane Gruppen nach Nordafrika vor und vermischten sich dort mit der einheimischen Bevölkerung. Dieses neu entstandene Bevölkerungssubstrat, meist als »Paläoberber« bezeichnet, wurde in den folgenden Jahrtausenden in seiner eigenen kulturellen Entwicklungsdynamik von zahlreichen Einflüssen von außen stimuliert. Der permanente Zustrom – regelrechte Invasionen sind es wohl nie gewesen – von Einwanderern aus dem Vorderen Orient hielt an, und mit ihnen kamen neue kulturelle Errungenschaften, neolithische Industrien, Haustiere wie Schaf und Ziege und die ersten Kulturpflanzen. Bis ins dritte vorchristliche Jahrtausend hinein war der größte Teil der damals noch feuchteren Sahara von negroiden Rindernomaden bevölkert, und auch von ihnen scheint die paläoberberische Kultur neolithische Impulse aufgenommen zu haben. Als die Sahara später mehr und mehr wüstenhaften Charakter annahm und für Rindernomaden unbewohnbar wurde, gingen möglicherweise – Skelettfunde lassen dies vermuten – kleinere negroide Gruppen, die nach Norden auswichen, in der paläoberberischen Bevölkerung auf. Vorherrschend blieben jedoch bis in die Metallzeit hinein, als Pferd und Wagen in Nordafrika bekannt wurden, die Einflüsse aus dem Osten. Zu dieser Zeit, im ersten vorchristlichen Jahrtausend, dringen auch einige Berbergruppen in die Zentralsahara vor. Von ihnen stammen wahrscheinlich die heutigen Tuareg ab.

In den Randzonen ihres Verbreitungsgebietes kamen die Berber mit den Kulturen der klassischen Antike in Berührung. Die Ägypter fühlten sich zeitweise von ihnen, den »Libyern«, bedroht, und tatsächlich gelang es diesen auch einmal, das Mündungsdelta des Nils unter ihre Kontrolle zu bringen. Jahrhunderte währte der Kontakt mit den Mittelmeerkulturen, die an der nordafrikanischen Küste Handelsniederlassungen errichtet hatten. Karthago erlebte seine Blüte, nach seiner Zerstörung begann die Herrschaft Roms. Für Jahrhunderte wurde ein Teil des berberischen Siedlungsgebiets – Teile der heutigen Maghrebstaaten – römische Provinz, die dann später unter wandalische und byzantinische Herrschaft geriet. Aus römischen Schriftquellen haben wir Kenntnis über die Getuler und Numider, wissen wir von der Existenz berberischer Staaten und kennen wir die Namen von berberischen Herrschern wie Massinissa, Jugurtha oder Juba. Freilich, die römischen Autoren waren mehr Historiker als Ethnographen, und so erfahren wir wenig Wissenswertes über die berberische Kultur, die Lebensbedingungen und materiellen Leistungen des berberischen Volkes.

Ganz ohne Zweifel haben diese lang andauernden und intensiven Kontakte die berberischen Kulturen beeinflußt, aber es ist völlig unmöglich, das Ausmaß dieses Einflusses abzuschätzen. Eine regelrechte Akkulturation, eine kulturelle Angleichung, dürfte sich in Grenzen gehalten haben und blieb sicher auf die küstennahen Handels- und Machtzentren beschränkt. Eine gewaltige Umgestaltung der alten berberischen Welt, in großem Maße wohl auch deren Zerstörung, brachte jedoch die arabische Einwanderung und damit verbunden die Islamisierung Nordafrikas vom 7. Jahrhundert an mit sich. Allerdings kann man nicht, allzu vereinfachend, behaupten, die Berber seien »Opfer« einer arabischen Invasion oder »Überfremdung« geworden. Die Zahl der einwandernden Araber dürfte verhältnismäßig gering gewesen sein, und die kriegerischen Auseinandersetzungen mit den einheimischen Berbern spielten für das Vordringen des Islam keine entscheidende Rolle. Vielmehr scheint die neue Religion bei den Berbern auf fruchtbaren Boden gefallen zu sein, wobei sie in der Folge freilich eine besondere Neigung zu häretischen Modifikationen des Islam entwickelten. Schon früh bemächtigen sie sich gewissermaßen der neuen Bewegung und setzen sich an deren Spitze. Schon die Überschreitung der Meerenge von Gibraltar im Jahre 711 unter Tariq und die Zerstörung des Westgotenreichs wurde überwiegend von islamisierten Berbern getragen, und die Gründung der großen berberischen Dynastien der Almoraviden und Almohaden vollzog sich unter religiösen Vorzeichen.

Im Zuge der Islamisierung wurden in großen Teilen Nordafrikas die Berberdialekte durch das Arabische verdrängt. Es entwickelten sich arabische Dialekte mit mehr oder weniger starken Einschlägen des Berberischen. Berbersprachen werden heute nur noch von den Tuareg in der Sahara und von größeren Bevölkerungsgruppen in den Gebirgen und Bergländern Nordafrikas gesprochen, wobei die Atlasgebirge Marokkos die größte zusammenhängende Sprachregion bilden. Berberisch wurde bis vor einigen Jahrzehnten aber auch noch in der ägyptischen Oase Siwa gesprochen. Auf dem Rückzug sind die Berberdialekte im tripolitanisch-tunesischen Bergland und in den ostalgerischen Oasen, während sie sich im Mzab, im Aurès und in der Kabylei, ebenfalls Algerien, und natürlich auch in Marokko vorerst zu behaupten scheinen. Alles in allem blieb das Berberische in abgelegenen, weniger begünstigten und unzugänglichen Gebieten erhalten, an denen manche historischen Ereignisse und Entwicklungen vorbeigingen.

Es nimmt daher nicht wunder, daß sich trotz der Islamisierung berberische Kultur oder wenigstens wesentliche ihrer Elemente – und das gilt vor allem für den sozio-politischen Bereich – überall dort erhalten haben, wo bis heute Berberisch gesprochen wird. Berberische Kultur und berberische Sprache werden gelegentlich auch zäh verteidigt, wo staatliche Gewalt sie im Sinne einer Arabisierung, d. h. einer nationalen Einheitlichkeit, die nur eine kulturelle Identität zuläßt, zu zerstören trachtet. Aus solchen Spannungsfeldern wird manchmal ein grundsätzlicher Gegensatz zwischen Berbern und Arabern abgeleitet, der sich jedoch kaum historisch verifizieren läßt.

Wenden wir uns der Architektur zu, so finden wir traditionelle Bauformen natürlich auch nur in den Gebieten, in denen sich berberische Kultur bis heute oder bis in die jüngere Vergangenheit behauptet hat, denn die aus dem Vorderen Orient einwandernden arabischen Nomaden brachten nur mobile Behausungen mit, und die architektonischen Formen städtisch-islamischer Kultur, die später in Nordafrika Eingang fanden, blieben weitgehend auf die neuen Siedlungs- und Machtzentren beschränkt, verbanden sich in einzelnen Regionen allerdings auch in bemerkenswerter Weise mit der autochthonen Architektur, wie z. B. im südmarokkanischen Tafilalt. Gewisse Einflüsse mag auch der Moscheebau mit sich gebracht haben. Ob nun all die alten, traditionellen Bauformen, die wir zwischen Nil und Atlantik finden, autochthon-berberischen Ursprungs sind, dürfte kaum mehr zu eruieren sein. Wie weiter oben schon festgestellt, kamen die Berber über Jahrtausende hinweg mit den prähistorischen und antiken Kulturen des Mittelmeerraums in Berührung, und diese Kontakte dürften wohl auch Einflüsse auf die alte berberische Architektur mit sich gebracht haben, deren Entstehungsgeschichte völlig im dunkeln bleibt.

Daß auch in vorhistorischer Zeit Kulturkontakte über weite Entfernungen möglich waren, legen zahlreiche Indizien nahe. Und so mögen auch Beziehungen zwischen Nordafrika und Schwarzafrika bereits bestanden haben, lang ehe der Transsahara-Handel blühte und einen fruchtbaren Austausch zwischen beiden Welten mit sich brachte. Auch hier mögen wechselseitige Beeinflussungen der Bauformen oder der Bautechnologien wirksam geworden sein. Doch läßt sich dies weder für die prähistorische noch für die historische Zeit im einzelnen nachweisen, ausgenommen den Moscheebau. Immerhin sind bestimmte Typen berberischer Architektur bis in die Oasen der Sahara hinein verbreitet.

## *Alte berberische Architektur in Nordafrika*

Berberische Architektur in größerem Umfang ist bis heute vor allem in den marokkanischen Atlas-Gebirgen erhalten geblieben. Ehe dieser vielfältige Komplex in seinem geographischen, klimatischen, soziopolitischen und historischen Kontext dargestellt wird, sollen die wichtigsten Formen traditioneller Berberarchitektur außerhalb dieses Gebietes wenigstens erwähnt werden.

Unter den jeweiligen lokalen Bedingungen sind in dem ehemals riesigen Siedlungsgebiet der Berber eine Vielzahl architektonischer Typen entstanden, die sich sowohl in der Form als auch in der Bautechnik erheblich voneinander unterscheiden. Neben dem reinen Lehmbau existiert der reine Steinbau, und eine andere Bautechnik verwendet Lehm und Stein fast zu gleichen Teilen. Aber es gibt auch Höhlenwohnungen, die in die Flanke eines Berges vorgetrieben sind oder von einem Schacht aus in die Gesteinsschichten. Es gibt Bauten auf rechtwinkligem und unregelmäßigem Grundriß, einstöckige und mehrstöckige Anlagen, Tonnengewölbe und ebene Decken. Trotz dieser Unterschiede in Material, Technik und Form sind bestimmte Grundmuster weit verbreitet, und nicht selten stehen bestimmte Bau- und Siedlungsformen in engem Zusammenhang mit sozialen Institutionen.

Wie bereits erwähnt, ist die ägyptische Oase Siwa der östlichste Punkt, in dem sich berberische Sprache und Kultur bis in jüngste Zeit erhalten haben. Dasselbe gilt auch für ihre Architektur, die freilich unverkennbar Einflüsse aus dem Niltal aufweist. Berberisch sind auch die fünf stadtähnlichen Siedlungen des Mzab, deren Architektur die Bewunderung von Le Corbusier und anderer Architekten unserer Zeit erregte. In ihrer Anlage mit einem verzweigten Netz von Gassen, durch Überbauung teilweise gegen die starke Sonneneinstrahlung geschützt, gleichen diese Siedlungen anderen Oasenstädten in der nördlichen Sahara und den großen Dorfsiedlungen im südlichen Marokko. Befestigte Speicheranlagen, in denen Speicherzellen mit Tonnengewölbe mehrstöckig übereinander angeordnet sind, kennen wir aus dem tripolitanisch-tunesischen Bergland, die wiederum in ihrer Struktur, wenn auch nicht in ihrem Aussehen, dem Agadir des marokkanischen Anti-Atlas ähneln. Im tripolitanisch-tunesischen Bergland auch gibt es die Höhlenwohnungen, die von einem Schacht aus oder von einer Bergflanke her in das anstehende Gestein vorgetrieben sind.

Aus Lehm sind die alten Bauwerke der tunesischen Oasenstädte Nefta und Tozeur, die häufig äußerst dekorativ gestaltete Lehmziegelfassaden besitzen. Eine ähnlich ornamentale Verwendung des Lehmziegels findet man in der Oasenstadt Temacine (Touggourt, Ost-Algerien) wieder. Darüber hinaus scheint sich diese eigenwillige Bauweise nicht verbreitet zu haben. Die Architektur des ostalgerischen Souf mit ihren typischen Kuppelbauten verwendet ein Gemisch aus gipshaltigen Gesteinsbrocken und Lehm als Baumaterial. Auch diese Architektur hat nur lokale Verbreitung. Die Berberdörfer des Aurès wiederum unterscheiden sich nicht wesentlich von bestimmten Dorftypen der westlichen Atlas-Gebirge.

Alte berberische Siedlungsgebiete sind auch die höheren Lagen der nordafrikanischen Küstengebirge. Hier allerdings scheinen mittelmeerische Vorbilder Siedlungs- und Bauformen in starkem Maße beeinflußt zu haben. Dies gilt für die Steinbauten in der Kabylei und dem Ouarsenis in Algerien ebenso wie für die Lehmbauten des Rif in Marokko. Das Bauernhaus bzw. Bauerngehöft des Rif, Beispiel eines mediterranen Atriumbaus, wird aus Lehmziegeln und Stampferde erbaut. Die ein- oder höchstens zweigeschossigen Gebäude, die ein strohgedecktes Giebeldach tragen, sind in der Regel um einen quadratischen bis leicht rechteckigen Innenhof gruppiert und umfassen Quartiere für Mensch und Tier.

## *Die traditionelle Architektur Südmarokkos*

Mehr als irgendwo sonst haben sich in den marokkanischen Atlas-Gebirgen, ihren Ausläufern und den angrenzenden Regionen im Süden, in den Oasen am Rande der Wüste, berberische Kultur und damit auch berberische Bautraditionen erhalten. Die Untersuchung berberischer Architektur wird daher zweckmäßigerweise in diesem Raum ansetzen, wo ausreichendes Material auch für vergleichende Analysen zur Verfügung steht. Es darf erwartet werden, daß die gewonnenen Ergebnisse zumindest teilweise oder in modifizierter Form auch für die Bau- und Siedlungsformen außerhalb dieses Gebietes bedeutsam sein werden.

Die Gebirge und ihre Ausläufer sind fast ausschließlich von Berbern bewohnt. Die Bevölkerung der südlichen Gebiete besteht aus berberischen, negroiden, arabischen und auch jüdischen Elementen. Doch haben sich auch in diesem Raum – mit Ausnahme des Tafilalt, in dem arabische Gruppen dominieren – berberische Sprache, Sozialstrukturen und Institutionen in hohem Maße gegen arabisch-islamische Einflüsse behauptet.

Die folgenden Abschnitte stellen einige Architekturformen im Kontext ihrer natürlichen und kulturellen Umweltbedingungen unter Berücksichtigung historischer Komponenten dar. Die Darstellung ist auf wenige prägnante Architekturtypen beschränkt und läßt lokale Erscheinungsformen außer acht. Im gleichen Sinne unterliegen Beobachtungen über soziale, politische und andere Gegebenheiten einer gewissen Verallgemeinerung. Der Text ist zwar in Präsensform abgefaßt, doch darf dies nicht darüber hinwegtäuschen, daß manche der beschriebenen Zusammenhänge bereits als historisch zu betrachten sind. Die traditionellen sozialen Gemeinschaften sind heute weitgehend gestört, wenn nicht zerstört, und selbstredend kann heute von auch nur irgendwie unabhängigen Berberrepubliken nicht mehr gesprochen werden. Die n o c h vorhandene traditionelle Architektur ist Ausfluß der traditionellen Kultur, und deren Niedergang zieht in zunehmendem Maße den Zerfall der traditionellen architektonischen Form nach sich.

Die spezifischen Erscheinungsformen der südmarokkanischen Architektur stehen in engem Zusammenhang mit den sozialen und politischen Organisationsformen. Es sollen daher einige Bemerkungen zu diesen Organisationsformen vorausgeschickt werden.

Die fundamentalen Einheiten der sozialen Organisation basieren zum einen auf der Blutsverwandtschaft in der männlichen Linie, zum anderen auf der geographischen Nähe. Die Kernfamilie – ein Ehepaar und dessen unverheiratete Kinder – ist praktisch ohne Bedeutung. Die Großfamilie (oder patrilinear erweiterte Familie) ist die kleinste und gleichzeitig stabilste Aktionseinheit der berberischen Gesellschaft. Sie bildet stets eine Wohngemeinschaft. Die Großfamilie besteht aus mehreren Kernfamilien, die in der männlichen Linie einen gemeinsamen Vorfahren besitzen; d. h., in der Regel sind dies: ein Ehepaar, die verheirateten Söhne und ihre Frauen und Kinder, sowie die unverheirateten Söhne und Töchter. Mehrere Großfamilien, die von einem gemeinsamen, männlichen Vorfahren abstammen, bilden einen Familienklan. Bei den meisten Berbern ist der Familienklan die größte soziale Einheit, die allein auf Blutsverwandtschaft basiert. Ein solcher Familienklan kann eine selbständige Siedlung oder ein Segment einer größeren Siedlungsgemeinschaft bilden.

Siedlungsgemeinschaften dieser Art, zusammengesetzt aus Familienklanen verschiedener Herkunft, aber auch völlig fremden Gruppen wie Juden und Negroide, werden im folgenden als Gemeinden oder Kommunen bezeichnet. Die verschiedenen Gruppierungen einer Kommune sind in einem Exekutivorgan, der Ratsversammlung, vertreten, die in jährlichem Turnus einen Chef wählt.

Wenn die Gruppen einer Kommune sich auf einen gemeinsamen, meist legendären Vorfahren berufen, so ist dies weitgehend reine Fiktion, und dessen sind sich die Menschen auch völlig bewußt. In noch höherem Maße gilt dies für die folgenden, umfassenderen politischen Organisationen.

Auf der Basis geographischer Nähe schließen sich mehrere Kommunen zu einer Föderation oder einem Distrikt zusammen. Solche Föderationen sind gemeint, wenn in der Literatur von Berberrepubliken die Rede ist. Diese autonomen Republiken besitzen ebenfalls eine Ratsversammlung, die sich aus Delegationen der einzelnen Kommunen zusammensetzt. Ein Chef wird jedes Jahr neu gewählt. Die Exekutivgewalt dieses Chefs und dieser Ratsversammlung beschränkt sich ausschließlich auf die Belange der gesamten Föderation und berührt nicht die Selbstverwaltung der Kommunen. Vier oder fünf Föderationen bilden einen Stamm. Der Stamm als politische Organisation hat nur temporäre Bedeutung bei drohenden Gefahren. Der Stammesname beschreibt eigentlich nur ein Territorium, in dem Gruppen leben, die eine gewisse Zusammengehörigkeit anerkennen.

Ganz ähnlich ist es mit der Konföderation, zu der sich mehrere Stämme oder Teile von Stämmen, die sich durch gemeinsames Interesse, Geschichte und Wohngebiet verbunden fühlen, in konkreten Situationen zusammenschließen können. Bis auf wenige Ausnahmen waren diese Konföderationen stets nur kurzlebig.

Ganz allgemein läßt sich wohl sagen, daß die zentrifugalen Kräfte der Berbergesellschaft die integrierenden Kräfte überwiegen. Es besteht eine absolute Abneigung dagegen, irgendwelche Kompetenzen an eine, wie auch immer geartete, übergeordnete Instanz abzutreten. Integration vollzieht sich nur unter Zwängen von außen.

Es versteht sich von selbst, daß dieses grobe Muster der sozialen und politischen Struktur der Bergesellschaften unter lokalen Gegebenheiten Modifikationen erfahren hat. Im präsaharischen Raum z. B., vor allem im Dra-Tal, ist diese Struktur von einer Schichten- oder Klassenstruktur überlagert, worauf später noch eingegangen werden soll.

Im folgenden sollen drei architektonische Typen Süd-Marokkos vorgestellt werden, von denen der erste die Architektur der Atlas-Gebirge, die beiden anderen die Architektur des Südhangs des Hohen Atlas und der präsaharischen Regionen repräsentieren: die Speicherburg des nördlichen, zentralen Hohen Atlas, die Speicher- und Wohnburg des Dadès-Tales, die befestigte Großsiedlung des Tafilalt-Rheris und des Dra-Tales sowie einige Zwischenformen. Allen diesen Architekturtypen ist dreierlei gemeinsam: sie sind Verteidigungsanlagen, sie reflektieren die ökologischen Gegebenheiten der jeweiligen Gebiete, und sie erfüllen bestimmte ökonomische Bedürfnisse der Bevölkerung. Die Tatsache, daß in den westlichen und nördlichen Teilen der Atlas-Gebirge der Steinbau vorherrscht, an den Südausläufern des Hohen Atlas und in den präsaharischen Gebieten hingegen der Lehmbau, hängt gewiß mit den klimatischen Bedingungen zusammen, ist möglicherweise aber in sehr viel höherem Maße auf kulturhistorische Faktoren zurückzuführen.

Dieses Buch ist explizit der afrikanischen Lehmarchitektur gewidmet. Aus dem Vorangegangenen dürfte jedoch klar geworden sein, daß das Baumaterial nicht der wesentlichste Aspekt der Untersuchung berberischer Architektur sein kann. Eine formale Ausgrenzung des Lehmkomplexes aus der Gesamtheit der südmarokkanischen Architektur würde dazu führen, daß wesentliche Gesichtspunkte gar nicht erst ins Blickfeld rücken, weil einer vergleichenden Betrachtung der Boden entzogen wäre. Es würde kaum mehr deutlich, auf welch verschiedene Weise die Architektur den oben umrissenen Grundbedürfnissen entspricht. Die Alternativen zur Lehmarchitektur, in Nordafrika wahrscheinlich die älteren Bauformen, sollen deshalb auch in diesem Rahmen wenigstens mit einigen Sätzen vorgestellt werden.

## *Architektur der Atlas-Gebirge*

Während der zentrale Hohe Atlas sowohl Stein- wie Lehmbauten aufweist, ist die Architektur des westlichen Hohen Atlas und des Anti-Atlas durch die Steinbauweise geprägt, wenn auch in einigen wenigen Gebieten bis zu einem gewissen Grade der Lehmbau Eingang gefunden hat; allerdings nicht der Lehmbau in reiner Form, wie er aus den präsaharischen Gebieten bekannt ist, sondern eher eine Mischung aus Lehm- und Steinbau, wobei der Lehm im allgemeinen eine sekundäre Rolle spielt. Der Einfluß der Lehmbauweise beschränkt sich auf den Nordabhang des westlichen Hohen Atlas und die Randgebiete der Gebirge, die an die Sous-Ebene grenzen.

Die dörflichen Siedlungen in den verhältnismäßig feuchten, höheren Gebirgslagen weisen eine ungebrochene Steinbautradition auf. Die prägnanteste architektonische Form, die die Steinbautradition der westlichen Atlas-Gebirge hervorgebracht hat, ist der Agadir, ein Kollektivspeicher von oft beachtlichen Dimensionen, der von einer kleineren oder größeren sozialen Gruppe gegründet und unterhalten wird. Seine wesentliche Funktion besteht in der Lagerung von lebensnotwendigen Gütern, vor allem Nahrungsmitteln, die in dem festungsartigen Bauwerk leicht gegen Angreifer verteidigt werden können.

Während der westliche Hohe Atlas nur wenige, nicht sehr ausgeprägte Bauwerke dieses Typs aufweist, hat der Agadir im Anti-Atlas über Jahrhunderte hinweg eine Blütezeit erlebt, und er stellt eine der bemerkenswertesten architektonischen Alternativen dar, die die berberische Kultur hervorbrachte. Der Agadir ist allerdings nicht nur ein Zweckbau, sondern, und das unterstreicht seine Bedeutung und lebenswichtige Funktion, er ist eine Institution, die durch – z. T. kodifizierte – Rechtsnormen abgesichert ist. Seit der islamischen Zeit steht er häufig unter dem Schutz eines Marabuts und besitzt einen unverletzlichen sakralen Bereich, dessen Mißachtung mit besonderen Sanktionen bedroht ist.

Das Gebiet des nördlichen, zentralen Hohen Atlas ist Einflüssen aus dem Norden und aus dem Süden, aus dem präsaharischen Raum, ausgesetzt. Dies gilt insbesondere auch für die Architektur. Hier findet man sowohl den Steinbau als auch den Lehmbau und 1–7
darüber hinaus eine Verbindung von beiden. Wenn auch heute bestimmte Bauformen als besonders typisch für dieses Gebiet erscheinen, so läßt sich doch keine weit zurückreichende, ungebrochene Bautra-

dition feststellen, die etwa mit der Bautradition des Anti-Atlas vergleichbar wäre.

Die Hochtäler des zentralen Hohen Atlas, von über 3000 Meter hohen Bergen überragt, sind während des ganzen Winters isoliert. Bereits Ende Oktober oder Anfang November fällt der erste Schnee. Während des Sommers zieht ein Teil der Bevölkerung mit ihren Herden in die Berge, deren Abhänge kleine,
2 weit verstreute Weideflächen bieten. Nur die bewässerbaren Täler erlauben den Anbau von Gerste, Weizen, Sorghum, Roggen und Bohnen. Doch deckt der Ertrag bestenfalls den Eigenbedarf. Was die wirtschaftliche Bedeutung betrifft, halten sich Bodenbau und Viehhaltung in etwa die Waage. Die natürlichen Ressourcen erlauben nur eine sehr dünne Besiedlung des Gebietes.

3 Der Kollektivspeicher, hier »irherm« genannt, ist
7 sehr verbreitet, doch meist, entsprechend der Bevölkerungsdichte, von kleinem Ausmaß und eher Familienspeicher als Speicher eines Klanes oder gar eines Stammes. Ursprünglich war mit großer Wahrscheinlichkeit im nördlichen Hohen Atlas die Steinbauweise verbreitet. Viele Beispiele weisen darauf hin. Erst in jüngerer Zeit scheint die Lehmbauweise vom präsaharischen Raum her vorgedrungen zu sein. Ein Indiz dafür darf man darin sehen, daß auch heute noch die Lehmbauten von Spezialisten aus dem Dadès- und Todra-Tal errichtet werden. Der Irherm, heute aus Lehm gebaut und mit Steinen verkleidet, ist meist eine kubische Konstruktion von 10 bis 12 Metern Kantenlänge. Er besitzt nur einen Eingang sowie einige Luftlöcher und Schießscharten. Die Speicherzellen sind um einen zentralen Mittelgang, in seltenen Fällen um einen zentralen Patio gruppiert.

Der Irherm besitzt keine besonderen Verteidigungsanlagen, die man mit denen des Agadir vergleichen könnte. Seine primäre Funktion scheint in der Vorratswirtschaft zu liegen. Seit jüngster Zeit hat sich – vor allem im Tal des Asif n'Aït Bou Guemèze – die
4 Tendenz durchgesetzt, Bauten zu errichten, die
5 gleichzeitig als Speicher und als Behausung für eine Familie dienen, auch dies vermutlich ein Element, das aus dem Dadès-Tal stammt.

Die Wetterseiten der Lehmbauten werden häufig
6 mit Steinen verblendet. Dies weist darauf hin, daß
7 der Lehmbau für die feuchten Winter des nördlichen Hohen Atlas nicht unbedingt geeignet ist und daß andererseits die Technik des Steinbaus auch heute noch beherrscht wird.

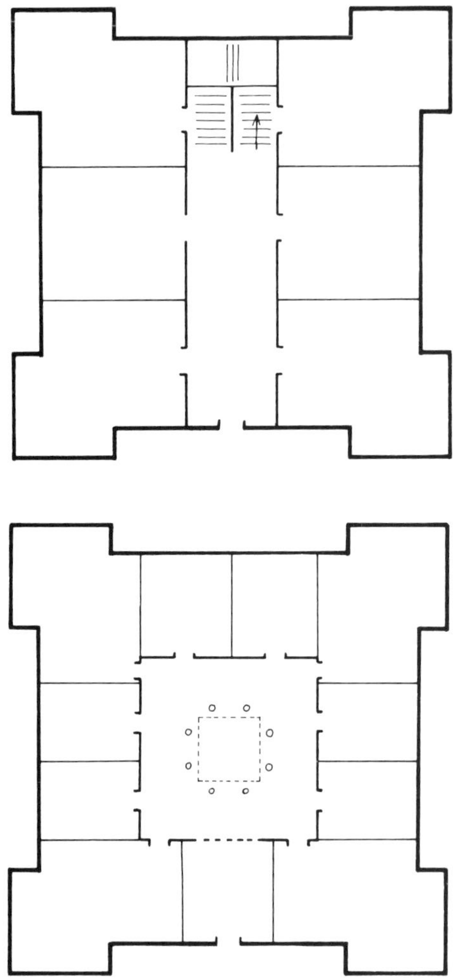

Abb. 1 Irherm mit Mittelgang (oben); Irherm mit zentralem Patio (unten). (Grundriß-Schema)

## *Architektur des südlichen Hohen Atlas und der präsaharischen Region*

Typisch für den Südhang des zentralen Hohen Atlas und den gesamten präsaharischen Raum ist der Lehmbau. Zwar findet man hier und da, vor allem im Dra-Tal, Reste verfallener Steinbauten, doch hat diese alte Tradition offensichtlich seit Jahrhunderten keine Fortsetzung gefunden. Im gesamten Gebiet hat die bauliche Technik eine weitgehende Standardisierung erfahren, die sich sogar auf die Maße der einzelnen Bauelemente erstreckt. Die Mauern der Bauwerke, gleichgültig, ob es sich um eine Familienburg oder eine Großsiedlung handelt, werden aus einzelnen Lehmblöcken, etwa 2 Meter lang, 1 Meter hoch

und 80 Zentimeter dick, ausgeführt, die an Ort und Stelle einer nach dem anderen in einer Hohlverscha-
8 lung gegossen werden. Das Baumaterial wird in der Regel direkt an der Baustelle oder in unmittelbarer Umgebung gewonnen. Man verwendet den vorhandenen Erdboden, der möglichst keinen Humus enthalten soll und nicht zu feinkrümelig sein darf. Ideal ist ein eher magerer Lehmboden mit einer kräftigen Beimengung von kleineren und größeren Steinen bis Faustgröße. In dieser Konsistenz kann die Erde – man spräche insoweit in der Tat besser von Erdarchitektur – ohne jeden weiteren Zuschlag verbaut werden. Sie wird lediglich leicht durchfeuchtet und mit einem schweren Stampfer in die Verschalung eingestampft. Bei zu feuchter Erde oder auch zu fettem Lehmboden entstünde beim Einstampfen eine breiige Masse, und beim Austrocknen träte eine zu große Schrumpfung auf, d. h., das Bauwerk würde rissig. Zu geringe Beimischung von Steinen oder auch anderem Zuschlag hätte eine geringere Druckfestigkeit des Mauerwerks zur Folge.

Für das obere Stockwerk und die ornamentalen Teile des Bauwerks verwendet man luftgetrocknete
9 Lehmziegel verschiedener Größe. Im Gegensatz zum Stampfmauerwerk werden die Lehmziegel aus stark lehmiger Erde hergestellt, der Stroh, Gras, Spreu und anderes beigemischt werden. Die feuchte, leicht plastische Masse wird in einem rechteckigen Model oder Rahmen geformt und an der Sonne getrocknet. Zur Vermauerung verwendet man Lehmmörtel. Die Außenwände werden ganz oder nur im oberen Teil mit einem feinen Lehmmörtel verputzt, ebenso die ornamentalen Teile und die Innenräume. Besonders für diesen Zweck, für den Innen- und Außenputz, wird der Lehm oft von weither geholt, sei es wegen seiner Qualität, sei es auch nur wegen der Schönheit oder Seltenheit seiner Farbe. Die Zwischendecken der Etagen bestehen aus einer Lage von Palmstämmen und einer dicken Schicht gestampften Lehms.

Im Prinzip ist fast jedermann in der Lage, Bauwerke in der Stampfbautechnik oder als Lehmziegelmauerwerk ohne fremde Hilfe auszuführen. So baut denn auch jeder Haushalt Gartenmauern, Viehpferche und einfache Gebäude in eigener Regie. Allenfalls wird man dabei auf nachbarliche Mithilfe auf der Basis der Gegenseitigkeit zurückgreifen, auf die man natürlich bei größeren Vorhaben in jedem Fall angewiesen ist. Bei anspruchsvolleren Bauvorhaben wird man sich auch des Rates und der Mithilfe eines in der Bautechnik versierten »Fachmannes« versichern. Der Fachmann ist häufig nur ein Nachbar oder Bekannter, der besonderes Geschick als »Baumeister« bewiesen hat und über Erfahrung und Wissen verfügt. Er verdient nicht mit dieser Tätigkeit als Architekt und Bautechniker seinen Lebensunterhalt, sondern so wie jeder andere Bewohner eines Dorfes, d. h. in der Regel als Bauer. Selbstverständlich müssen ihm seine Dienste durch Gegendienste entlohnt werden, häufig auch zusätzlich durch einen Geldbetrag. Darin liegt offensichtlich die Wurzel eines Spezialistentums, das sich in manchen Regionen und unter bestimmten Bedingungen so weit entwickelte, daß eine Art Beruf daraus wurde. In der Region des Dadès-Tales, am Südhang des Hohen Atlas, scheinen die Juden, die häufig das Handwerk des Silberschmieds ausübten, auch als Bauhandwerker eine besondere Rolle gespielt zu haben.

Abgesehen von der Lehmarchitektur gibt es ein weiteres Element, das den präsaharischen Raum von den Atlas-Gebirgen unterscheidet. Haben wir es im Gebirge mit reinen Berbergesellschaften zu tun, so ist die Bevölkerung des Südens äußerst heterogen. Möglicherweise seit der letzten neolithischen Feuchtphase wurde der Süden von einer negroiden Bevölkerung besiedelt. Während die seßhafte Bevölkerung des Dra-Tales bis heute noch zu einem erheblichen Teil aus dieser negroiden Schicht besteht – es könnte sich freilich auch um Nachkommen von Sklaven handeln –, setzten sich im Dadès- und Rheris-Gebiet berberische und jüdische, im Tafilalt arabische Gruppen fest. In der Folge versuchten berberische und arabische Nomaden immer wieder, die Oasen unter ihre Kontrolle zu bringen, was ihnen für die Dauer allerdings nur im Dra-Tal gelang. Basierend auf der Heterogenität der Bevölkerung, hat sich eine soziale Hierarchie herausgebildet.

Im Tafilalt, das seit dem 16. Jahrhundert direkt dem Makhzen untersteht und niemals Selbstverwaltungskörperschaften oder unabhängige Republiken hervorgebracht hat, bilden die Araber eine Oberschicht. Die schwarze Bevölkerung, Harratin genannt, findet Beschäftigung in der Feldarbeit und hat keine politischen Rechte. Die Juden stehen außerhalb der Gesellschaft.

Im Dra-Tal stellen die Nomaden die Oberschicht, die über die Seßhaften eine Art Schutzherrschaft errichteten. Im Laufe der Zeit ist aus dieser Schutzherrschaft ein durch Rechtsnormen fixiertes Bündnis mit Verpflichtungen auf Gegenseitigkeit geworden: gegen Zahlung eines Tributs garantieren die Nomaden die Sicherheit der Siedlungen und Pflanzungen. Die schwarze Bevölkerung zerfällt in zwei Gruppen:

Grundbesitzer und Landarbeiter. Die Juden sind den Grundbesitzern gleichgestellt.

Im Dadès- und Rheris-Gebiet, in dem die berberische Bevölkerung überwiegt, leben Harratin, Juden und Berber mehr oder weniger gleichberechtigt nebeneinander. Bis in jüngste Zeit war Privateigentum an Grund und Boden unbekannt. Juden und Harratin haben Anrecht auf Nutzung des kommunalen Bodens und sind in den Verwaltungskörperschaften vertreten.

## 10–21 *Die Speicher- und Wohnburg des Dadès-Tales*

10 Der Hohe Atlas fällt nach Süden hin steil ab. Seine engen Hochtäler, die Oberläufe des Dadès und seiner Zuflüsse sowie das Gebiet um Imilchil sind den Winter über unzugänglich. Das relativ kühle Klima erlaubt den Anbau von Getreide und Fruchtbäumen. Daneben ist jedoch die Kleintierhaltung von ebenso großer Bedeutung. Im Sommer zieht ein Teil der Bevölkerung mit den Herden ins Gebirge, im Winter dagegen nach Süden, über den Dadès hinaus, in den Djebel Sarhro.

Im Gegensatz zum nördlichen Hohen Atlas, wo die ökologischen und ökonomischen Verhältnisse recht ähnlich sind, ist hier der Kollektivspeicher völlig unbekannt. Er wird ersetzt durch befestigte Weiler, die Wohnung, Stallung und Speicher in einem Gebäude
11 vereinigen. Der befestigte Weiler ist gewissermaßen die »Gebirgsform« der präsaharischen Großsiedlung, von der später noch die Rede sein wird. Nach Möglichkeit auf einem Felssockel errichtet, beherbergt die Anlage einen Familienklan, jedoch kaum mehr als zehn Familien. Jede Familienwohnung umfaßt: das Erdgeschoß mit Stallungen und Strohkammer, die erste Etage mit Wohnung, Küche und Speicherkam-
15 mer und schließlich eine Dachterrasse, auf der man sich in der schönen Jahreszeit aufhält, mit einem Küchenabri und Tee-Salon, in dem man ausruht und Gäste empfängt. Diese Anlage der Familienwohnungen ist für den gesamten Bereich der Lehmarchitektur typisch.

Dieser Typus des befestigten Weilers, »irherm« genannt wie im nördlichen Hohen Atlas der Kollektivspeicher, ist im Aussterben begriffen. Ein Nachlassen des Bevölkerungsdrucks aus dem Süden und eine Beruhigung der politischen Verhältnisse haben seine Funktion als Verteidigungsanlage in den Hintergrund treten lassen. Die Familien verlassen den Weiler und errichten selbständige Familienburgen, »tirhermt« 13
genannt, eine Verkleinerungsform von »irherm«. Besonders deutlich wird diese Tendenz am unteren Dadès, vor allem in der großen Oase von Skoura. Die- 17–1
ses Gebiet, wie auch das Gebiet des Rheris, das Tafilalt und das Dra-Tal, ist rein agrarisch ausgerichtet. Viehhaltung spielt keine oder nur eine geringe Rolle. Neben dem Getreideanbau im zeitigen Frühjahr und den Gartenkulturen ist die Kultur der Dattelpalme der wesentliche wirtschaftliche Faktor.

Die Oasensiedlung von Skoura wurde relativ spät, im 17. Jahrhundert, gegründet, möglicherweise, weil die weite Ebene nur sehr schwer zu verteidigen war. Wie im Gebirge, war auch hier der befestigte Weiler die primäre Form der Ansiedlung, wenn er auch bereits, auf ebenem Boden und rechteckigem Grundriß errichtet, von einer hohen Mauer umgeben und mit vier Ecktürmen bewehrt, die äußere Form der späteren Familienburg vorwegnahm. Zu beiden Seiten eines Mittelgangs angeordnet, beherbergte er Quartiere für vier bis zehn Familien. Bisweilen wurden diese Weiler erweitert und erhielten dann ein befestigtes Eingangstor, eine Moschee und einen öffentlichen Platz an der Innenseite des Eingangs.

Einige Zeit nachdem sich die Einwanderer in Skoura fest etabliert hatten, setzt eine neue Tendenz ein. Einige Familien, die zu Reichtum und Ansehen gelangt sind, beginnen, sich geräumigere Familienunterkünfte zu bauen, zunächst innerhalb des Weilers, nahe der gemeinsamen Umfassungsmauer. Diese Bauten besitzen keinen eigenen Eingang, wohl aber bereits eigene Befestigungsanlagen. Ein prägnantes Beispiel dafür ist Ksar Amridil (s. Abb. 2).

Amridil war ursprünglich nichts anderes als ein Weiler mit acht Behausungen zu beiden Seiten eines gedeckten Mittelgangs, wo auch noch das Haus der Familie existiert, die am südlichen Ende der Siedlung ihre Burg errichtete. Die enge Beziehung zwischen Weiler und Burg blieb zwar bestehen, doch während der Weiler im Laufe der Zeit immer mehr verfiel, wurde die Burg instand gehalten und weitete sich aus. Dieses Bauwerk hat sich jedoch noch nicht von der Muttersiedlung und ihrer Gemeinschaft gelöst, es stellt das Übergangsstadium zwischen dem Leben im Weiler und dem Leben in einer selbständigen Wohnung dar.

Ein weiterer Schritt der Desintegration ist die räumliche Lösung der Familienburg vom Weiler, zunächst als eine Art Landhaus, von dem aus man die Felder 17
überwacht, sich aber gleichzeitig auch den sozialen Zwängen der Gemeinschaft entzieht. Aber das alte

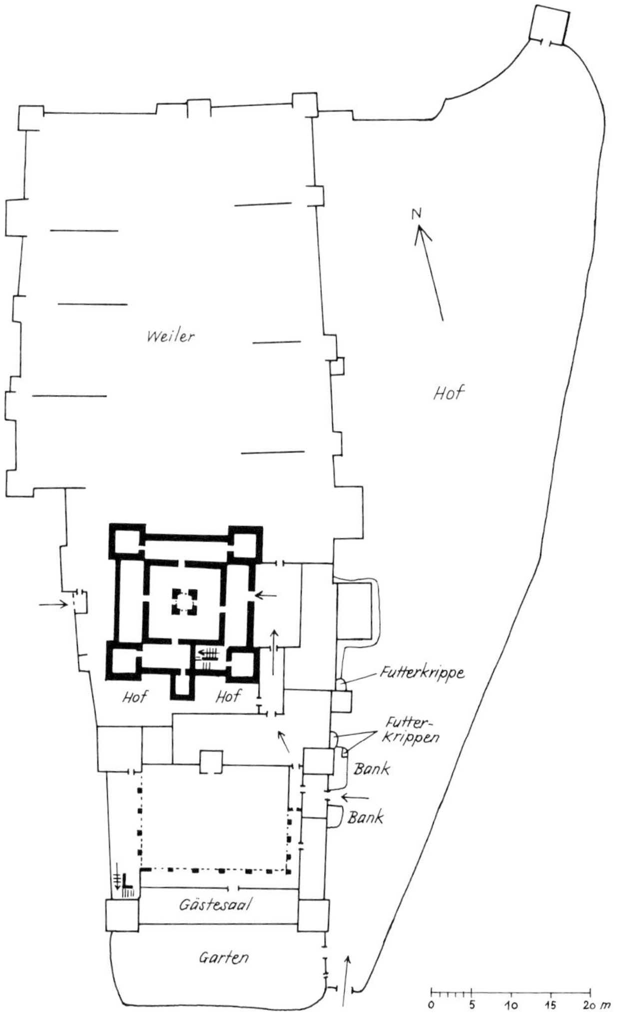


Abb. 2 Ksar Amridil, Skoura (nach Jacques-Meunié 1962)

Familienhaus existiert noch im Weiler, hier ist die Moschee, und hierhin zieht man sich bei Gefahr zurück. Losgelöst von der alten Siedlung bewahrt die Burg das Grundmuster des Familienhauses im Weiler, Wohn- und Speicherräume in drei bis vier Etagen, gruppiert um einen zentralen Patio. Neu sind die vier Ecktürme, die den Wehrtürmen des Weilers entsprechen. Der Eingang dieses relativ einfachen Landhauses ist ungeschützt.

Erst in der nächsten Entwicklungsperiode, mit größer dimensionierten Bauwerken, wird der Eingang
16 gesichert. Eine Mauer, U-förmig an einer Seite der
19 Familienburg angelegt und mit Bastionen bewehrt,
21 bildet einen kleinen Vorhof. Im Innern der Mauer wird häufig ein Säulengang angelegt, der Brunnen, Handmühle, Feuerstellen und Stallungen schützt.

In der Literatur werden die Familienresidenzen häufig mit dem Begriff »Kasbah« belegt, der aus dem Arabischen kommt. Dort bezeichnet er die Residenz eines Feudalherrn, dem die Untergebenen zu unbedingtem Gehorsam und Gefolgschaft verpflichtet sind. In Südmarokko haben sich zwar, indem sich reiche Familien isolierten, und der Weiler und seine Bewohner verarmten, feudale Züge herausgebildet, doch ist es nie zu einer absoluten Abhängigkeit gekommen.

Was den ornamentalen Aspekt der Architektur be- 14
trifft, so ist im Dadès-Tal ein Höhepunkt erreicht wor- 20
den, der nirgendwo sonst im südlichen Marokko seinesgleichen findet.

Zusammenfassend läßt sich sagen, daß die Familienburgen sich nur da entwickelten, wo die ökologisch-ökonomische Situation äußerst günstig war, und wo gleichzeitig die Bedrohung von außen entfiel. Beides trifft für das Dadès-Tal, besonders für Skoura, zu.

Ein seltsames Bauwerk, das nur in Skoura existiert, soll noch erwähnt werden. Man könnte es als Mara-
but-Speicher bezeichnen. Um das Grab eines Heili- 22
gen herum, das von einer Kuppel gekrönt ist, sind eine Vielzahl sehr kleiner Speicherzellen angelegt. Eine Lehmmauer, um das Gebäude herumgezogen, beschreibt den Sakralbereich. Wer ihn betritt, genießt Asylrecht. Vielleicht geht dieser Speicher auf die erste Besiedlungsphase von Skoura zurück, als die Bewohner noch ein halbnomadisches Leben führten und ihre Vorräte im Schutz eines Heiligen zurückließen.

## *Die Großsiedlung des Tafilalt-Rheris und des Dra-Tales* 24–49

Der Ksar (Mehrzahl: ksour), vom arabischen »qasr«, Schloß, Festung, Burg, hergeleitet, ist die typische Siedlungsform des Rheris-Gebiets, des Tafilalt und des Dra-Tales. Das Grundmuster, allerdings mit recht unterschiedlichen architektonischen Erscheinungsformen, ist in vielen Oasengebieten der nördlichen
Sahara anzutreffen. Nach Möglichkeit auf unfrucht- 27
barem Boden am Rande der Oase angelegt, ist der
Ksar in erster Linie eine Festung, umgeben von einer 28–29
dicken, mehrere Meter hohen Mauer und mit star- 46–47
ken Eckbastionen bewehrt. Der meist einzige, von 30
zwei Türmen flankierte Eingang, der nachts mit 48

Abb. 3 Haupt-Straßennetz des Ksar Goulmima (nach Unterlagen von J. P. Ichter, Fes), 431 Haushaltungen, 2119 Einwohner (1970). 1: Plätze zum Dreschen bzw. zum Trocknen der Datteln; 2: äußere Stallungen aus Stampferde; 3: Friedhof; 4: Haupteingang; 5: Nebeneingang; 6: Waschplatz mit fließendem Wasser; 7: Erweiterungsbauten neueren Datums; 8: Stallungen im Innern der Anlage; 9: altes Osttor; 10: Judenviertel (ein Anbau); 11: kommunale Einrichtungen in der Nähe des Haupttores.

einem Holztor verschlossen wird, führt in einen geräumigen Vorraum, der zum Innern der Siedlung hin nochmals durch ein schweres Tor gesichert ist. Bei kriegerischen Angriffen konzentrierten sich die Verteidiger auf diesen Punkt; die Mauern waren ohnehin kaum zu überwinden.

Dieser Funktion entspricht auch das äußere Er-
28–29 scheinungsbild des Ksar; eine strenge Architektur
mit abweisenden Mauern und einer zurückhalten-
49 den architektonischen Ornamentik, die sich im wesentlichen auf die Gestaltung der Eingangsbastionen und der Ecktürme beschränkt. Die strategische Lage des Ksar, einer kleinen, agrarischen, sozioökonomischen Einheit in leicht angreifbaren Oasengebieten, erfordert ein Maximum an Defensivmaßnahmen: Konzentration, Organisation, Befestigungen, Nahrungsreserven und geschützte Brunnen, Lage in Reichweite eines alliierten Nachbar-Ksar, Wachttürme in der Umgebung und an den Bewässerungsanlagen, schließlich optimale Größe der Siedlung. Alle diese Faktoren haben den Ksar geprägt.

Aber nicht nur die ungünstige strategische Lage, sondern auch die Umweltfaktoren, wie das heiße, trockene Wüstenklima, zwingen zu Konzentration und Organisation. Um ein Beispiel herauszugreifen: Das Tafilalt und die südlichen Dra-Oasen werden nicht mehr von wasserführenden Flüssen erreicht. Das Wasser muß in unterirdischen Kanälen, die Verdunstungsverluste vermeiden, herangeschafft werden. Diese Kanäle, Foggara genannt, erreichen in manchen Fällen eine Länge von 30 bis 40 Kilometern und bedürfen der ständigen Pflege. In den Oasen wird das Wasser mit Hilfe von Hebe- oder Ziehbrunnen an die Erdoberfläche befördert.

Den Funktionen des Ksar entsprechen besondere Institutionen und Konventionen, die, in strikter Disziplin, die Angelegenheiten der Gemeinde, Verteidigung und Lebensunterhalt, regeln. Das Regierungsorgan wird von einem Rat der Alten und Notabeln, der Jemaa el-amma, gebildet. Die Mitglieder des Rates vertreten die Gruppen, die sich im Ksar zusammengefunden haben. Diese Gruppen können definiert sein durch eine ethnische Identität – Berber, Araber, Juden, Harratin oder deren Untergruppen – oder auch beispielsweise durch eine ökonomische Identität wie: Bauern, Handwerker, Kaufleute. Die einzelnen Gruppen bewohnen bestimmte Viertel des Ksar, und wie schon weiter oben bemerkt, geht in manchen Gebieten diese soziale Gliederung mit einer sozialen Hierarchie einher.

Die Tätigkeit der Jemaa betrifft die Organisation des täglichen Lebens unter Berücksichtigung des Gewohnheitsrechts: die Verteilung der Kollektivgüter: Wasser und Boden; die Delegation der öffentlichen Pflichten: Gastfreundschaft, Repräsentation, Waffendienst; die Organisation der Feld-, Bewässerungs- und öffentlichen Arbeiten und der Verteidigungsmaßnahmen, die Erhebung und Verwaltung einer Steuer und der Kriegsabgaben, die Rechtsprechung, die Bewahrung der Sitten und Gebräuche, die Organisation von Festen.

Der Unterhalt des Ksar, der öffentlichen Plätze und Gebäude, ist garantiert. Die Integration neuer Gruppen oder Bevölkerungswachstum können zur Erweiterung des Ksar führen. Die Einwohnerzahlen der Ksour sind, abhängig von den lokalen Gegebenheiten, vor allem den zur Verfügung stehenden natürlichen Ressourcen, sehr unterschiedlich: Sie liegen zwischen 200 und 3000. Unter bestimmten Umständen wird eine neue Siedlung gegründet, wenn z. B. die alte nach 100 bis 200 Jahren verfällt und Reparaturen nicht mehr sinnvoll sind. Die Erweiterung oder Neugründung eines Ksar hängt stets von der Entscheidung der gesamten Bevölkerung ab. Es ist niemandem erlaubt, ein Haus außerhalb des Ksar zu errichten, da die Gemeinschaft in jedem Fall für seine Sicherheit verantwortlich ist. Nur der Marabut wagte es, als Eremit den Gefahren der Isolierung entgegenzutreten, letztlich eine Voraussetzung für die Begründung seines Prestiges als »heiliger Mann«.

Probleme, die die Grenzen des einzelnen Ksar überschreiten, gehören in die Kompetenz eines Großen Rates, der Jemaa el-kebira, der sich aus den Räten mehrerer alliierter Ksour zusammensetzt. Diese Institution umfaßt dann eine Stammesfraktion oder einen ganzen Stamm, aber auch Teile anderer Stämme. Diese Einheiten bilden kleine, unabhängige und autonome Staaten.

Wie schon erwähnt, gelang es nicht allen Ksour, ihre Autonomie und Unabhängigkeit zu behaupten. Besonders im Dra-Tal mußten sie sich dem Machtanspruch von Nomadengruppen als Oberherren beugen, die ihrerseits Sicherheit garantierten. Dieses Verhältnis bestand zwischen den jeweiligen Kollektiven oder auch zwischen einzelnen Familien. Im zweiten Fall zahlte jede einzelne Familie einer bestimmten Familie des Beschützerstammes Tribut, die ihrerseits verpflichtet war, Verteidigungsaufgaben zu übernehmen. Diese Art von Vertrag war erblich und häufig zwischen den Aït Atta und ihren Schützlingen anzutreffen.

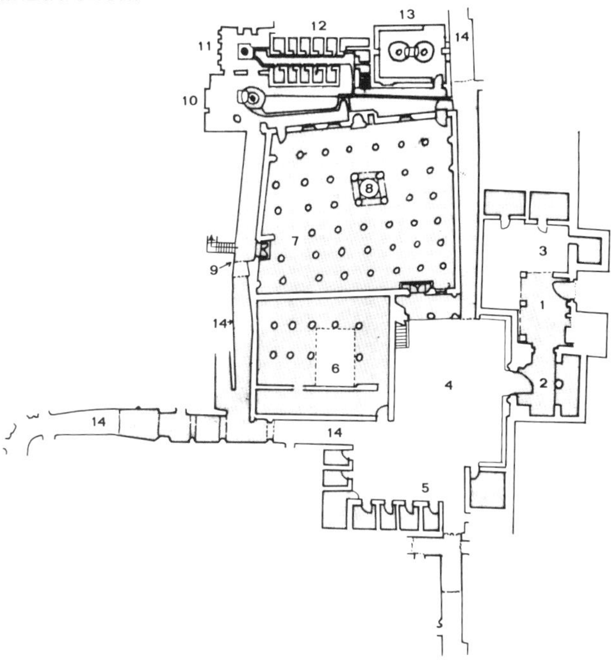


Abb. 4 Die kommunalen Einrichtungen von Ksar Goulmima (nach Unterlagen von J. P. Ichter, Fes)
1: Eingangshalle; 2: Wachsaal; 3: Handwerker (Schmiede); 4: freier Platz; 5: Läden der Kaufleute; 6: Unterkunft für Fremde (»funduq«); 7: Moschee; 8: Qubba auf der Dachterrasse der Moschee; 9: Standort des Minaretts; 10: Brunnen bei der Moschee; 11: Feuerstelle zum Erhitzen des Wassers (»kanun«); 12: Raum für rituelle Reinigung; 13: Koranschule; 14: Hauptstraße, größtenteils gedeckt.

Die kommunalen Einrichtungen des Ksar befinden sich innerhalb der Befestigungen. Die meisten von ihnen sind um einen kleinen Platz in der Nähe des
Eingangs gruppiert: die Moschee mit einem Neben- 33
raum für rituelle Waschungen und einer Kammer zum Erhitzen des Wassers (»kanoun«), kleine Läden für Kaufleute, Werkstätten für Handwerker, vor allem Schmiede, und eine Übernachtungsgelegenheit für Fremde (»funduq«). Früher durfte ein Fremder, sofern er überhaupt eingelassen wurde, nicht den Bereich des Platzes am Eingang überschreiten, eine Regel, die häufig auch heute noch eingehalten wird.

Jedes Viertel des Ksar, d. h. jede soziale Gruppe, be-
sitzt einen eigenen Brunnen. Nur der Brunnen bei 31
der Moschee ist allen zugänglich. Das Versammlungshaus des Rates und der Speicher für die kollektiven Vorräte befinden sich im Zentrum der Anlage.

Die Straßen sind eben breit genug, um den Ver- 35
kehrsbedürfnissen gerecht zu werden: ein Esel mit Traglast nimmt die volle Breite des Weges ein. Diese Enge erlaubt es, die Straßen in bestimmten Abständen zu überbauen, ein wirksamer Schutz gegen Sonneneinstrahlung. Die Straßen bilden ein sich verzweigendes Netz, das vom Eingang ausgeht und irgendwo in Sackgassen endet. Jede dieser mehr oder weniger verzweigten Sackgassen wird von einer bestimmten sozialen Gruppe, z. B. einem Familienklan, bewohnt.

Das meist dreistöckige Haus einer Familie entspricht dem Muster, das schon im Zusammenhang mit dem befestigten Weiler und der Familienburg des Dadès-Tales beschrieben wurde (s. Abb. 5): Erdgeschoß mit Stallungen für Tiere und Lagerräumen für unverderbliche Vorräte, erste Etage mit Wohn- und Spei-
cherräumen, zweite Etage ebenfalls mit Wohnräu- 38
men und geräumigen Terrassen. Die Terrassen der 37
einzelnen Häuser sind häufig miteinander verbun- 41
den und stellen damit einen zweiten öffentlichen Bereich her, der rege soziale Kontakte ermöglicht. Einzige Lichtquelle des Familienhauses war früher der
zentrale Patio oder ein auf der Terrasse angelegter 42
Lichtschacht. Heute werden in zunehmendem Maße 43
auch Fenster gebaut mit ornamentalen Eisengittern 44
an der Außenseite, einem Element der städtisch-arabischen Architektur. Das Mobiliar der Familienwoh-
nung ist einfach: Öfen aus Lehm, ein paar Wasser- 40
krüge und einige weitere Haushaltsutensilien, die in Wandnischen untergebracht werden, ein Kohlebecken zum Heizen und Teekochen, ein niedriger Tisch, eine Teekanne und Gläser. Matten und Teppiche dienen als Sitz- und Schlafgelegenheit.

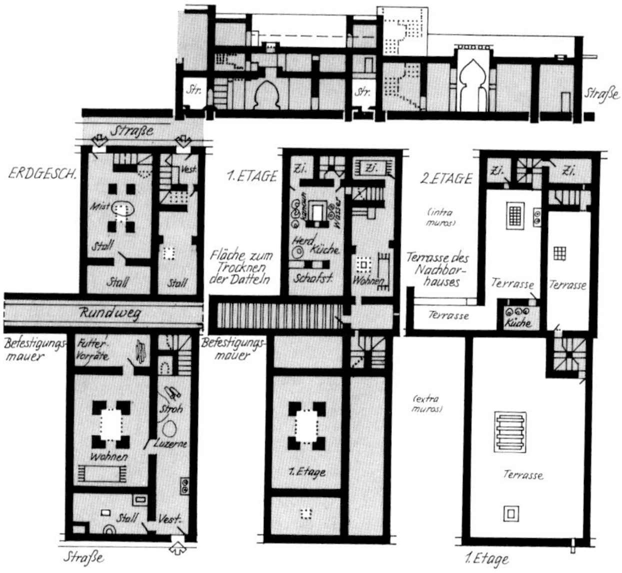


Abb. 5 Aufriß und Grundriß eines Familienhauses, das über die Befestigungsmauer hinaus erweitert wurde (Dra-Tal). (nach Hensens 1972)

Das Vieh, insbesondere die Rinder, wird heute im allgemeinen nicht mehr in den Häusern untergebracht, sondern in gemauerten Pferchen in unmittelbarer Umgebung der Siedlung. Außerhalb des Ksar, meist vor dem Haupteingang, befindet sich häufig ein großer, freier Platz, der im Frühsommer zum Dre-
27 schen des Getreides und im Spätherbst zum Trock-
39 nen der Datteln benutzt wird. Die Dattel, von der rund zwanzig Arten angebaut werden, hat besonders in den trockenen, präsaharischen Regionen des Tafilalt-Rheris und des Dra-Tales hervorragende wirtschaftliche Bedeutung. Sie ist nicht nur Nahrungsmittel für die Menschen und (in minderwertiger Qualität) Futter für das Vieh, sondern sie ist das einzige wirtschaftliche Produkt, von dem Überschüsse erzielt werden und das daher gegen Waren, die dringend benötigt werden, eingetauscht werden kann.

Wichtig für die Siedlungsgemeinschaften des marokkanischen Südens sind die überregionalen, periodischen Märkte, die nicht nur das ökonomische Bedürfnis des Warenaustausches befriedigen, sondern auch der Pflege sozialer Kontakte dienen, die über den engeren Bereich der Siedlungsgemeinschaft hinausgehen. Die großen, überregionalen Märkte finden in der Regel in einiger Entfernung von den Siedlungen statt. In früheren Zeiten, die von kriegerischen Auseinandersetzungen geprägt waren, war der Markttag ein Tag des Waffenstillstandes. Kleinere, regionale Märkte, z. B. innerhalb einer Oase, werden auf Plätzen in der Nähe der Ksour abgehalten.

Die Lehmarchitektur des präsaharischen Raumes ist keineswegs jungen Datums. Im Jahre 757 wurde im Tafilalt die Stadt Sijilmassa gegründet, die als Stützpunkt des Transsahara-Handels überragende Bedeutung erlangte. Heute zeugt noch ein großes Ruinenfeld in der Nähe von Rissani von ihrer Existenz. Nach dem arabischen Historiker el-Bekri bestand die Stadtmauer im unteren Teil aus Stein, im oberen aus Lehmziegeln. Diese Kombination aus Stein- und Lehmbau ist auch heute noch an einigen Bauwerken des Dra-Tales zu beobachten.

Die Lehmbautradition des Tafilalt, die wahrscheinlich bis in die Zeiten von Sijilmassa oder gar noch
weiter zurückreicht, manifestiert sich bis heute in 46–4
der Architektur der Ksour. Besondere Gestalt gewann 48
diese Tradition in der Architektur der Chorfa (»chorfa« ist die Mehrzahlform von »chérif«, Nachkomme des Propheten), der Stammgruppe des heute herrschenden Königshauses, wobei freilich in starkem Maße städtisch-arabische Elemente ihren Niederschlag fanden. Diese »Feudal-Architektur« des Tafilalt – die ersten Bauwerke entstanden möglicherweise bereits im 11. Jahrhundert –, wie Ksar Abbar und Dar
el-Makhzen (Haus der Makhzen), zeugt von der Ver- 50
bundenheit des Königshauses mit seinem Stammland. Diese Bauten dienten aber auch praktischen Zwecken. Bis Anfang des Jahrhunderts wurde dort unter starker Bewachung ein Teil des Familienschatzes eingelagert, und Mitglieder des Königshauses, die dem Herrscher nicht genehm waren oder ihm gefährlich werden konnten, mußten dort – sozusagen im Exil – ihren Wohnsitz nehmen.

Heute allerdings haben diese Anlagen ihre Funk-
tionen verloren und sind dem Verfall preisgegeben. 51
Sie erwecken den Eindruck von Slums, in denen zeitweise kleine Nomadengruppen Zuflucht finden und verarmte Familien ihr Leben fristen. Es werden keinerlei Anstrengungen unternommen, diese großartigen Bauwerke zu erhalten. Während die Außenmauern noch weitgehend erhalten blieben, sind im Innern die Decken herabgebrochen und viele der Räume unter Schutt begraben. Von der feinen Stuckarbeit in den Innenräumen sind, der Witterung ausgesetzt, nur noch Reste übriggeblieben.

Die städtisch-arabischen Elemente dieser Feudalarchitektur fanden auch bei den Ksar-Anlagen des Tafilalt ihren Niederschlag, beschränkten sich jedoch
auf die Gestaltung der Eingangspforte. – Einiges 48
spricht dafür, daß sich die Lehmarchitektur vom Tafi-

lalt zum Dra und von dort zum Dadès und zum Hohen Atlas ausgebreitet hat. Untersuchungen, die dies definitiv oder mit hoher Wahrscheinlichkeit bestätigen, stehen allerdings noch aus.

## *Abschließende Bemerkungen*

Bei der vorstehenden Darstellung der wichtigsten Erscheinungsformen der südmarokkanischen Architektur in einem allgemeinen Rahmen wurde auf die Beschreibung und Erörterung architektonischer Details bewußt verzichtet. Ziel war es vor allem, darzulegen, daß die Strukturen der südmarokkanischen Architektur die ökologischen Gegebenheiten des jeweiligen Siedlungsraumes, die ökonomischen Bedürfnisse der Bevölkerung sowie konkrete historische und politische Situationen reflektieren. Solche Zusammenhänge zu beachten und nach Möglichkeit herauszuarbeiten ist für das Studium der Architektur, ob in Europa oder in der Dritten Welt, unabdingbar, auch dann, wenn die Dokumentation von Architektur programmatisch im Vordergrund steht.

Das Material, das über die südmarokkanische Architektur bis heute zusammengetragen wurde, ist – im Vergleich zu den Ländern Schwarzafrikas – beachtlich. Trotzdem bleiben auch hier noch große Lücken. Dies gilt vor allem für die Architektur der Ksour des Tafilalt/Rheris und des Dra-Tales sowie der Siedlungen im Süden des Djebel Sarhro. Neben der Architekturdokumentation fehlen vor allem auch begleitende soziologische Untersuchungen der Ksar-Gesellschaften.

Die traditionelle südmarokkanische Architektur, wie sie oben anhand einiger Typen in der Präsensform dargestellt wurde, gehört der Vergangenheit an. Zwar wurden Anfang der siebziger Jahre – als eine umfassende fotografische Dokumentation durchgeführt wurde – einige Agadir noch genutzt, wenn auch nur in geringem Umfang, und manche Ksar-Gesellschaften waren noch einigermaßen intakt, doch viele andere Ksour und Agadir waren bereits aufgegeben und völlig zerfallen. An den noch genutzten Bauwerken wurden keine oder nur unzulängliche Reparaturen vorgenommen, Neubauten in der traditionellen Ausprägung nicht begonnen. Diese Entwicklung ist unmittelbare Folge der veränderten Gegebenheiten in Südmarokko.

Allerdings wurden zahlreiche Agadir bereits im Zuge der Unterwerfung der Berberstämme durch die »grands caïds de l'Atlas«, die Gountafi und Glaoui, um die Jahrhundertwende zerstört, weitere in den zwanziger Jahren durch die französische Kolonialtruppe. In beiden Fällen spielte der Einsatz von Artillerie eine entscheidende Rolle. Die präsaharischen Gebiete zwsichen Dra und Ziz (Tafilalt) wurden um 1900 von den Glaoua des Hohen Atlas unterworfen, deren Caïd (el-Glaoui) zeitweise mächtiger waren als der Sultan. Die endgültige »Pazifizierung« erfolgte jedoch erst durch die französische Kolonialmacht und wurde erst 1934 mit der Niederwerfung der letzten freien Berberstämme in den Atlas-Gebirgen abgeschlossen. Die französische Kolonialmacht hatte im übrigen die wirtschaftliche und damit politische Bedeutung der Speicheranlagen und der entsprechenden Institutionen, nicht nur im Maghreb, sondern auch in Schwarzafrika, klar erkannt und war daher bestrebt, sie unter ihre Kontrolle zu bringen oder sie zu zerstören (vgl. dazu Bergeret 1985).

Die »Pazifizierung« des Südens und die endgültige Etablierung der marokkanischen Zentralgewalt bedeuteten das Ende der Berberrepubliken und ihrer politischen Koalitionen, das Ende der kriegerischen Auseinandersetzungen untereinander und mit dem Makhzen. Verteidigungsanlagen haben ihre »raison d'être« eingebüßt. Insbesondere gilt dies für den Agadir: sowohl als Anlage als auch in seinem institutionellen Aspekt ist er obsolet geworden. Auch der Ksar hat seine Verteidigungsfunktion verloren, dient jedoch weiterhin als Behausung. Die Kompetenzen der Selbstverwaltungskörperschaften wurden durch die staatliche Administration stark beschnitten, was den Verlust ihrer Autorität und tendenziell ihre Auflösung zur Folge hat. Damit einher geht die Desintegration des sozialen Gefüges, die Aufhebung der gegenseitigen Verantwortlichkeit im Hinblick auf die kommunalen Belange und Einrichtungen. Eine verbesserte Infrastruktur des Südens und damit erhöhte Mobilität und vermehrte Kontakte nach außen bringen alternative kulturelle Werte und Normen ins Spiel. Mehr und mehr wird das kollektive Interesse dem individuellen Interesse untergeordnet. In zunehmendem Maße wird das Leben im Ksar als beengt, der Wohnkomfort als unbefriedigend empfunden. Wer es sich leisten kann, baut sich ein neues Haus außerhalb des Ksar, entweder in unmittelbarer Umgebung oder im nahen Palmenhain. Diese Neubautätigkeit beginnt häufig unmittelbar an der Umfassungsmauer des Ksar und dehnt sich von dort kontinuierlich und unkontrolliert in die Umgebung aus. Der Ksar wird förmlich von einem unstrukturierten Siedlungsbrei überwuchert und verliert seinen

Charakter als geschlossene, kompakte Siedlungsform.

Die Wohn- und Speicherburg des Dadès-Tales (tirhermt) wurde weit weniger von den politischen, sozialen und kulturellen Veränderungen im Süden Marokkos tangiert. Sie hatte nur bedingt Verteidigungsfunktionen, und als Siedlungsform war sie Produkt eines ähnlichen Desintegrationsprozesses, wie er heute bei den Ksour zu beobachten ist, allerdings unter ganz anderen ökonomischen Voraussetzungen. Eine Modernisierung dieser Bauwerke wäre sehr viel einfacher zu bewerkstelligen als eine Sanierung komplexer Ksar-Anlagen. Unter den heutigen ökonomischen Voraussetzungen erweist sich jedoch schon die Erhaltung dieser Bauwerke als überaus kostspie-
26 lig, ganz zu schweigen von Neubauten. Eine Alternative scheint sich vereinzelt in kleiner dimensionierten Wohnbauten anzudeuten, die auf jegliche ornamentale Gestaltung verzichten.

Die Lehmbautechnik wird weiterhin beherrscht und bei den meisten Neubauten, ausgenommen die modernen Verwaltungszentren in den Oasen, auch angewendet. Gegen die relativ teuren industriellen Baustoffe wird sich der Lehm als praktisch unbegrenzt vorhandenes und kostenloses Baumaterial vorläufig noch behaupten können. In mancher Hinsicht (z. B. Wärmedämmung) scheint der Lehm industriellen Baustoffen überlegen. Eine Weiterentwicklung der Bautechnik und eine Verbesserung des Baumaterials – Erhöhung der Verwitterungsfestigkeit durch Beimengung von Kunststoffen oder anderer Stoffe – erscheint nicht nur möglich, sondern auch sinnvoll.

Als Bautechnik hat der Lehmbau durchaus Zukunft, zumindest potentiell (dem werden womöglich die Interessen einer expansiven Baustoffindustrie entgegenstehen). Neue Siedlungs- und Wohnformen, die den veränderten Bedürfnissen und den heutigen sozialen, politischen und ökonomischen Bedingungen Rechnung tragen, werden jedoch weitgehend mit den historischen Bautraditionen brechen müssen. Erhalten bleiben werden allenfalls einige als »Monument Historique« oder »Monument National« deklarierte, exemplarische Bauwerke.

## *Literaturhinweise:*


*Adam, André:*
1951 La maison et le village dans quelques tribus de l'Anti-Atlas. Collection Hespéris (Institut des Hautes Etudes Marocaines) N° 13. Paris.

*Adam, Jürgen A.:*
1981 Wohn- und Siedlungsformen im Süden Marokkos. München.

*Bergeret, A.:*
1985 Les sociétés indigènes de prévoyances: du Maghreb à l'Afrique Noire, dérive d'une institution. In: Les techniques de conservation de grains à long terme, leur rôle dans la dynamique des systèmes de cultures et des sociétés, 3,1: 171–191.

*Gasser, Willy:*
1968 Berbersiedlungen in Südmarokko. Tübinger Geographische Studien, Heft 26.

*Hensens, J.:*
1972 Habitat rural traditionnel des oasis présahariennes. Paideuma, 18: 42–59.

*Jacques-Meunié, D.:*
1947 Les oasis des Lektaoua et des Mehamid. Institutions traditionnelles des Draoua. In: Hespéris 34: 397–429.
1951a Sites et forteresses de l'Atlas. Monuments montagnards du Maroc. Paris.
1951b Greniers-citadelles au Maroc. 2 vols. Publications de l'Institut des Hautes Etudes Marocaines, tome 52, Paris.
1958 Hiérarchie sociale au Maroc présaharien. In: Hespéris 45: 239–269.
1962 Architectures et Habitats du Dadès, Maroc présaharien. Paris.

*Jacques-Meunié, D. et Jacques Meunié:*
1959 Abbar, cité royale du Tafilalt (Maroc présaharien). In: Hespéris, 46: 7–72.

*Kasba 64 Study Group:*
1973 Living on the edge of the Sahara. A study of traditional forms of habitation and types of settlement in Morocco. The Hague.

*La Chapelle, F. de:*
1929 Une cité de l'oued Dra sous le protectorat des nomades: Nesrat. In: Hespéris 9: 29–43.

*Montagne, R.:*
1930 Villages et Kasbas berbères. Tableau de la vie sociale des Berbères sédentaires dans le sud du Maroc. Paris.

*Ravéreau, A.:*
1981 Le M'Zab, une leçon d'architecture. Paris.

*Roche, M.:*
1970 Le M'Zab. Architecture ibadite en Algérie. Paris.

*Terrasse, H.:*
1938 Kasbas berbères de l'Atlas et des oasis. Les grandes architectures du Sud marocain. Paris.

## *Tafeln*

1 Straßenbild in einer Siedlung der Aït Bou Guemèze, einer Bergruppe in einem Hochtal des Hohen Atlas.

2 Siedlungen und Terrassen der Aït Bou Guemèze im Hochtal des Asif (= Fluß, Bach) n'Aït Bou Guemèze (Hoher Atlas).

3 Aït Bou Guemèze (Hoher Atlas): Wohn- und Speicherburgen am Rand des Tales.

4 Aït Bou Guemèze (Hoher Atlas): Wohn- und Speicherburg aus grobem Lehm-Stein-Gemisch.

5 Aït Bou Guemèze (Hoher Atlas): Wohn- und Speicherburg; die großen, vergitterten Fenster sind rezent in dieser Region.

6 Aït Bou Guemèze (Hoher Atlas): Wohn- und Speicheranlage aus Lehm, auf den Wetterseiten mit Stein verkleidet.

7 Aït Chribou (Hoher Atlas): Speicher aus Lehm, auf den Wetterseiten mit Stein verkleidet.

8 Die Technik des Stampferdebaus mit einer mobilen Verschalung (aufgenommen in Touroug, Tafilalt).

9a, b Luftgetrocknete Lehmziegel (aufgenommen im Imilchil, Hoher Atlas).

10 Südabhang des Hohen Atlas: Oasensiedlung im Tal des Todra.

11 Tirhermt n'Oufella, befestigter Weiler am Asif m'Goun, Südhang des Hohen Atlas.

12 Imilchil (Hoher Atlas): bewässerte Felder, Weiler; im Zentrum des Weilers Viehpferche aus Stampferde.

13 Imilchil (Hoher Atlas): Tirhermt, Familienburg, gegenüber dem Weiler von Tafel 12.

14 Imilchil (Hoher Atlas): Eckbastion eines Tirhermt; der obere Teil ist ornamental mit Lehmziegeln gestaltet.

15 Imilchil (Hoher Atlas): Frauen auf der Terrasse der Eingangsbastion eines Tirhermt.

16 Tirhermt in Anemiter, oberer Asif Ounila, Hoher Atlas.

17 Skoura (am Fuß des Hohen Atlas): einfacher Tirhermt ohne Erweiterungsbauten.

18 Skoura (am Fuß des Hohen Atlas): Kasbah (Tirhermt) Aït Souss, älteres Bauwerk mit typischem Ziegelornament.

19 Skoura (am Fuß des Hohen Atlas): Kasbah (Tirhermt) der Glaoua, jüngeres Bauwerk.

20 Skoura (am Fuß des Hohen Atlas): Kasbah (Tirhermt) Aït Souss, Eckbastion mit reichem Ziegelornament.

21 Boumalne du Dadès (am Fuß des Hohen Atlas): Tirhermt jüngeren Datums mit Nebengebäuden.

22 Skoura (am Fuß des Hohen Atlas): eine Qubba, das Grab eines Marabut.

23 Boumalne du Dadès (am Fuß des Hohen Atlas): der obere Teil eines Marabut-Grabes (Qubba).

24–25 Mesguita: Tal-Oase am Dra.

26 Neuere Lehmbauten im Dra-Tal.

27 Amsrou (Dra-Tal): ein Ksar in der Nähe von Zagora, an der Peripherie neuere Bauten; im Vordergrund Flächen zum Dreschen und Trocknen der Datteln.

28–29 Ksar Goulmima (Rheris): Haupttor, rechts Minarett der Moschee; im Vordergrund Nutzflächen (Dreschen, Trocknen der Datteln).

30 Ksar Goulmima (Rheris): Bastionen des Haupteingangs.

31 Ksar Goulmima (Rheris): überbaute Gasse mit Lichteinlässen; im Hintergrund Brunnen bei der Moschee.

32 Ksar Goulmima (Rheris): Blick in die Moschee.

33 Ksar Goulmima (Rheris): Aufgang zum Dach der Moschee und zum Minarett.

34 Ksar Goulmima (Rheris): Straßenbild, teilweise überbaute Gasse.

35 Ksar Goulmima (Rheris): offene Straße, von drei- bis vierstöckigen Bauwerken gesäumt.

36 Ksar Goulmima (Rheris): Dachterrasse der Moschee mit einer Qubba, Minarett.

37 Ksar Goulmima (Rheris): Blick vom Minarett der Moschee über die Dachterrassen.

38 Ksar Goulmima (Rheris): Dachterrasse mit Küchenabri (rechts unter der Treppe eine Kochstelle); im Vordergrund Datteln.

39 Ksar Goulmima (Rheris): Blick vom Minarett der Moschee auf den großen Platz vor dem Ksar, auf dem verschiedene Sorten von Datteln getrocknet werden.

40 Ksar Goulmima (Rheris): Ofen aus Lehm in einem Küchenabri.

41 Ksar Goulmima (Rheris): verschachtelte Dachterrassen, Treppen.

42 Ksar Goulmima (Rheris): Dachterrasse mit Lichtschacht.

43a, b Ksar Goulmima (Rheris): Lichtschächte.

44 Ksar Goulmima (Rheris): Außenwand eines Familienhauses.

45 Ksar Goulmima (Rheris): Eingang zu einem Familienhaus.

46–47 Ksar Jramna (Tafilalt): kleiner Ksar im tief eingeschnittenen Tal des Oued Ziz.

48 Ksar Ouled Hsime Sifa (Tafilalt): die Gestaltung des Eingangstors verrät städtisch-arabischen Einfluß.

49 Ksar Ouled Hsime Sifa (Tafilalt): die gewaltigen Eingangsbastionen.

50 Dar el-Makhzen (Tafilalt): Teil der Anlage mit Eingangsbastionen (Mitte) und Eckbastionen.

51 Dar el-Makhzen (Tafilalt): Tor eines Innenhofes mit reichen Ornamenten aus Gipsstuck.

52 Ksar Ouled Hsime Sifa (Tafilalt): eine zerfallene Eckbastion.

2
3 ▷

4
5 ▷

7

◁ 6

9a

9b

11

◁ 10

12

13

15

◁ 14

17

18

19 ▷

20

21 ▷

◁ 22
23

33

34 ▷

◁ 32

40

◁ 38, 39

43a

43b

45

46, 47 ▷

51

52 ▷